生态环境监测与恢复
——以宁夏东部风沙区沙化草地为例

许冬梅　邱开阳　王建军　奥海玮

陶利波　于　双　毛思慧　　著

U0287510

科学出版社

北　京

内 容 简 介

本书以宁夏东部风沙区沙化草地生态环境保护为核心，对生态环境监测和恢复研究进行了总结。内容主要包括：沙地-草地景观界面的判定及草地沙化关键区域的确定，不同尺度范围内沙化草地植物群落结构及地境因子的变化，在此基础上分析了草地沙化临界区域植被和地境的空间特征，并对宁夏东部风沙区沙化草地生态环境质量进行了评价；基于宁夏全面实施围封禁牧的现状，分析了封育对荒漠草原植被及土壤的影响及不同恢复措施荒漠草原土壤的碳氮特征。

本书可供草学、生态学、环境保护学等专业领域从事教学、研究及生产等的科技人员及相关专业的学生参考。

图书在版编目（CIP）数据

生态环境监测与恢复：以宁夏东部风沙区沙化草地为例 / 许冬梅等著. —北京：科学出版社，2021.11

ISBN 978-7-03-070092-6

Ⅰ. ①生… Ⅱ. ①许… Ⅲ. ①生态环境-环境监测-成就-宁夏 ②生态恢复-研究-宁夏 Ⅳ. ①X835 ②X171.4

中国版本图书馆 CIP 数据核字（2021）第 210410 号

责任编辑：刘　畅　王玉时　韩书云 / 责任校对：宁辉彩
责任印制：张　伟 / 封面设计：蓝正设计

科 学 出 版 社 出版

北京东黄城根北街 16 号
邮政编码：100717
http://www.sciencep.com

北京凌奇印刷有限责任公司 印刷

科学出版社发行　各地新华书店经销

*

2021 年 11 月第 一 版　开本：720 × 1000　1/16
2022 年 8 月第三次印刷　印张：9 3/4
字数：196 560

定价：59.80 元

（如有印装质量问题，我社负责调换）

前　言

人类生存环境中，土地沙化日益引起全球的广泛重视，土地沙化的加剧，导致环境恶化、植被盖度降低、植物种类减少、土地利用率下降等，直接危害人类的生存。土地沙化是一种动态现象和过程，及时掌握沙化土地的性质、范围、地理分布、程度等方面的信息，是治理土地沙化和防止其进一步退化的必要前提。

宁夏东部风沙区地处毛乌素沙地南缘，沙源丰富，是景观脆弱性较高的地区之一，由于自然条件严酷，对于任何方式的生态扰动均十分敏感。草地生态系统是宁夏东部风沙区重要的自然资源和天然生态屏障，不仅对农牧民的生产、生活和社会经济发展产生了重要影响，作为一种典型的生态敏感类型，其生态安全状况对宁夏乃至西北地区的生态安全状况也产生了重要影响。因此，如何对动态变化的沙化草地进行监测与评价；针对草地生态系统的沙化现状和发展趋势，如何进行恢复和重建，对宁夏区域环境保护和建设具有重要意义。

本研究团队依托 973 计划前期研究专项、国家重点研发计划项目、国家自然科学基金，基于宁夏东部风沙区特殊的地理位置，在草地生态环境监测与评价、退化草地恢复方面开展了一系列研究，在此基础上完成了本书的编写。第 1 章主要从地理位置、地形地貌、气候、水文、植被及土壤方面介绍了盐池县的自然条件。第 2 章通过不同尺度范围内自沙地至草地土壤颗粒组成及植被物种重要值的变化，对沙地-荒漠草原及典型草原-沙地景观界面进行判定，并基于判定结果将不同尺度范围内整个界面划分为不同沙化类型草地。第 3 章通过对不同尺度范围内各沙化类型草地植被物种组成及多样性等植被参数的变化分析，探讨草地植被对沙化的响应。第 4 章通过对不同尺度范围内各沙化类型草地土壤理化特性、微生物数量及酶活性的分析，探讨草地土壤性状对沙化的响应。第 5 章基于前期对毛乌素沙地南缘典型草原-沙地景观界面的判定结果，选取其中一个沙化临界区域为对象，在小尺度范围内，运用经典统计和地统计学相结合的方法，研究植被特征和土壤属性在沙化临界区域的空间分异特征及其影响因素，以探究草地沙化发生发展的内在机制。第 6 章基于盐池县境内 34 个样地，通过实地调查研究沙化草地植被和土壤随土地沙化过程的变化，建立盐池县沙化草地生态环境质量评价指标体系，对其现状进行综合评价。第 7 章基于宁夏天然草地禁牧封育现状，以禁牧封育的宁夏荒漠草原为研究对象，探讨不同封育年限草地植物群落结构、植物-土壤系统有机碳的分异特征随封育年限的变化。第 8 章以不同恢复措施处理的荒漠草原为对象，通过对不同恢复措施荒漠草原土壤团聚体组成、有机碳、全氮及其组分含量与分布等的分析，探讨不同恢复措施草地土壤碳氮储量等的差异。

著 者

2021 年 6 月

目　　录

第1章 绪　　论

1.1　研究背景及意义

　　草地是陆地生态系统中一种重要的可更新资源，也是重要的天然生态屏障，在维护区域乃至国家的生态安全中占有举足轻重的地位。随着人类社会的高速发展，"生态安全""环境安全""资源安全"等新的概念和问题相继出现，环境污染、水土流失、江河断流、水资源短缺等环境问题不断加剧，草地生态系统也因人为过度干扰而出现不同程度的退化、沙化。

　　生态系统的变化是从量变到质变的过程。为了确保其安全，必须对生态系统安全进行全方位的、动态的监测，对环境质量和生态系统的逆向演替与退化做出预测，进行生态安全预警，预先发出生态安全危机警报，为相关管理部门提供决策依据。草地生态系统安全是指草地赖以发展的自然资源和生态环境处于不受或少受破坏的健康平衡状态。草地退化、沙化是草地生态系统受损的表现，往往造成植被退化，土壤结构丧失，地表风蚀作用加剧，生态系统服务功能衰竭。只有维持草地生态安全，草地生态系统才有稳定、均衡、丰富的自然资源可供利用，才能实现生态系统的可持续性。

　　植被作为草地生态系统中生物系统的重要组成部分，是局部环境条件可视景观的综合反映。草地退化、沙化过程中，植被退化最为直观和敏感，伴随着沙化的发生发展，生态系统的结构和功能遭到破坏，植被发生逆向演替、优势物种更替，群落结构趋于简单。草地沙化过程中，生物要素的变化和环境要素的变化是一个互动过程，存在着互馈作用。草地沙化的生物过程实际上就是土壤环境持续恶化，植被发生逆行演替，生态系统生产力急剧下降的过程。其中，土壤环境的恶化过程主要表现为表层土壤的粗粒化、养分的贫瘠化和干旱化演变而导致土地生产力下降或丧失。

　　宁夏位于西北地区东部，被腾格里沙漠、乌兰布和沙漠和毛乌素沙地包围，是我国"两屏三带"生态安全体系建设的关键区域。宁夏东部风沙区地处我国北方农牧交错的生态脆弱带，位于毛乌素沙地南缘，环境特征表现为降水少且变率大，风力强劲，沙源丰富，植被以荒漠草原为主，自然条件的过渡性决定了生产方式与经济类型的多变性，生态环境受自然因素和人为因素的扰动，变化极为敏感，是景观脆弱性程度较高的地区之一。草地生态系统作为该区域重要的自然资源和天然生态屏障，不仅对农牧民的生产、生活和社会经济发展产生了重要影响，作为一种典型的生态敏感类型，其生态安全状况对宁夏乃至西北地区的生态安全也有重大影响。然而，由于长期以来人为的不合理利用及传统落后的生产方式和不相协调的发展模式，草场普遍退化、沙化，草原生态环境日益恶化。

随着西部开发和农业结构调整战略的深入实施，国家相继启动了退耕还林还草、天然草地保护等项目。宁夏也紧抓国家西部大开发的历史机遇，于 2003年全面实施了退耕还草、草地围封禁牧和休牧、天然草地补播及人工柠条林建植等工程，促进了退化草地生态系统的恢复，部分草地生态环境出现逆转，植物群落结构及土壤性状得以改善。

本项目基于草地生态系统在宁夏东部风沙区的生态地位及在社会经济发展中的作用，在系统监测沙化草地生物及非生物因子动态变化的基础上，确立生态环境评价指标，构建该地区草地生态监测评价体系。同时，基于宁夏全面实施围封禁牧和退化草地恢复重建的现状，研究了不同封育年限及不同恢复措施荒漠草原生物、非生物因子的变化，以期进一步充实该地区草地生态环境监测及恢复效应评价资料，为区域生态安全维护及生态环境建设提供理论参考依据。

1.2　盐池县的自然条件

1.2.1　地理位置

盐池县位于宁夏回族自治区东部，辖 4 乡 4 镇，北、东、南三面分别与内蒙古、陕西、甘肃毗邻，西与同心、灵武两县（市）相接，位于东经 106°30′~107°47′，北纬 37°04′~38°10′。全县南北长约 120km，东西最宽为 100km，总面积 8661.3km²。

盐池县北部与毛乌素沙地相连，东南部与黄土高原相连，属于典型的过渡地带，即自东南向北，地形是从黄土丘陵向鄂尔多斯缓坡丘陵的过渡带，气候是从半干旱区向干旱区的过渡带，植被类型是从典型草原向荒漠草原的过渡带，资源利用是从农区向牧区的过渡带，荒漠化的形式是从水蚀向风蚀的过渡带，这种地理上的过渡性决定了本地区的定位多样性，如农牧交错区、水蚀风蚀交错区、干旱半干旱过渡区、生态脆弱区等。

1.2.2　地貌特征

盐池县地势南高北低，中部高东西低，北邻毛乌素沙地，属鄂尔多斯台地，南靠黄土高原，属黄土丘陵沟壑区第五副区。南北分为黄土丘陵和鄂尔多斯缓坡丘陵两大地貌单元。中北部尚有条带状或块状的沙地和盐碱洼地分布。其中，南部黄土高原丘陵区是我国黄土高原的中西部边缘部分,包括麻黄山乡的全部,惠安堡、大水坑镇的部分,总面积1786.9km²,占全县总面积的20.63%,海拔均在1600m以上。这里山峦起伏、沟壑纵横、梁峁相间,水土流失严重。中、北部大片地区属鄂尔多斯台地的西南边缘,包括高沙窝镇、花马池镇、青山乡等,面积6874.4km²,占全县总面积的79.37%,海拔在1600m以下,由于台地的地质构造和后期的侵蚀堆积,出现大片梁滩相间的地形。由于长期以来不合理的利用,盐池县沙漠化的面积不断扩大,并形成包括兴武营至殷家塘流沙带、魏庄子至马场流沙带、余庄子至黄记沙窝流沙带、二道川至骆驼井流沙带和盐池腹部哈巴湖沙带5条较大的沙带。在流沙带中,除部分地区流动沙丘分布较多外,大多是半固定、固定沙丘和浮沙,其中浮沙和固定沙丘面积较大。覆盖在梁地和缓坡丘陵的沙丘水源缺乏,洼地平滩上的沙丘有较丰富的地下水。因气候干旱,植被盖度低,冬春季节大风频繁。目前,随着国家及自治区各项生态项目工程的实施,部分草地生态环境出现逆转,但自然生境的严酷、脆弱性使得草地生态环境保护与建设任务依然迫切。

1.2.3 气候

盐池县属典型中温带大陆性气候,光能丰富、热量偏少。按宁夏气候分区,属盐池—同心—香山干旱草原区。因全年大部分时间受西北环流支配,北方大陆气候控制时间较长,因此形成了冬长夏短、春迟秋早、冬寒夏热、干旱少雨、风多沙大、蒸发强烈、日照充足的特点。年平均气温北部为7.7℃,南部为6.7℃,最热月(7月)平均气温22.4℃,最冷月(1月)平均气温-8.7℃,大于等于10℃积温为2944.9℃。年日照时数北部为2867.9h,南部为2789.2h。无霜期128d。热量分布为北部高于南部。年平均风速2.8m/s,冬春风沙天气较多。多年平均降水量为250~350mm,自西北向东南递增,南部麻黄山年降水量达355.1mm,北部高沙窝仅为250mm左右。降水主要集中在7~9月三个月,占全年降水量的60%以上,且年际变率大。该地区年蒸发量为2095.0~2179.8mm。

1.2.4 水文

盐池县北部、西南部和东南部分别属于盐池内陆河流域、苦水河流域和泾河流域。县内大致以马儿庄—大水坑—新井泉—红井子—马坊一线为界,北部属盐池内陆河流域,南部又以新井泉—狼儿沟—七步掌一线为界,西侧属苦水河流域,东侧属泾河流域。盐池内陆河流域部分地表无常年流水,但雨季可在地势低洼处和坳谷中发育小型季节性地表水体,雨季之后以蒸发或垂直入渗补给地下水方式消耗；苦水河流域部分沿萌城—郝家台—隰宁堡—小泉一线发育一甜水河支流，并在李家大湾一带修建了小型水库；泾河流域部分发育的沟谷基本为南北向，包括杜家嘴子沟、井沟、武家沟等，沟谷多仅见细小水流。境内线性水利工程主要为盐环定扬黄工程，是盐池县农业、生态和生活用水的重要补充。

地下水主要有毛乌素沙地第四系地下水、毛乌素沙地基岩地下水以及承压自流水和南部山区地下水。毛乌素沙地第四系地下水含水层的岩性主要是冲积-洪积沙、含砾石砂，富水地段主要有西井滩、骆驼井和坳谷洼地三个地段，含水层平均厚度为25m；湿地二道湖和苟池西畔为承压自流水的主要分布区域；黄土丘陵区地下水源丰富，源于下伏基岩的地下水和黄土中的可饮水体均属其中。

1.2.5　植被、土壤特征

盐池县植被在区系上属于欧亚草原区，亚洲中部亚区，中国中部草原区的过渡地带，县境内草地类型由南向北主要分为典型草原、荒漠草原两大类。这种过渡特征导致该地区植物区系组成复杂，体现为表征种的相互渗透。例如，典型草原上的建群种长芒草（*Stipa bungeana*）能在该县最北部的荒漠草原上大量出现，而刺叶柄棘豆（*Oxytropis aciphylla*）等荒漠常见的物种可一直分布到黄土高原的边缘。

据统计，该县共有种子植物331种，分属57科211属，其中野生植物48科231种，栽培植物28科100种。科属组成为禾本科46种，占13.9%；菊科39种，占11.8%；豆科36种，占10.9%；藜科24种，占7.3%。以上4科145种，占植物总数的43.8%。种数超过10种的科还有十字花科、蔷薇科、百合科、茄科等。该县区系组成的另一特征是野生植物中单属科与寡种科较多，这是植被成分在当地较为严酷的自然条件下长期演替而形成的结果。县内共有天然草场835.4万亩[①]，占全县土地总面积的64.3%；其中可利用草场面积714.7万亩，占全县土地总面积的55%。

黄土母质、洪积物、风积物和母岩风化物共同组成盐池县主要的成土母质。地带性土壤主要有黄绵土与灰钙土（淡灰钙土）。黄绵土主要分布在黄土丘陵区，易遭受水蚀；灰钙土主要分布在鄂尔多斯缓坡丘陵区，由第四纪洪积、冲积物组成了成土母质，含沙量大，易遭受风蚀。非地带性土壤主要有风沙土、盐碱土和草甸土等，其中风沙土在中北部分布广泛，全县灰钙土地区土壤普遍沙化。县境内土壤质地多为轻壤土、砂壤土和沙土，结构松散，肥力较低。

---

① 1亩≈666.7m²

参 考 文 献

何国攀，张柏森，杨志有. 2004. 盐池县生态建设志. 银川：宁夏人民出版社：75～91

马睿. 2019. 宁夏盐池县土地利用变化对生态系统服务价值影响分析. 北京：北京林业大学硕士学位论文：10～11

王伟伟，周立华，孙燕，等. 2019. 禁牧政策对宁夏盐池县农业生态系统服务影响的能值分析. 生态学报，39（1）：146～157

王娅，周立华. 2018. 宁夏盐池县沙漠化逆转过程的脆弱性诊断. 中国沙漠，38（1）：39～47

夏翠珍，廖杰，郭建军，等. 2019. 1983—2017 年宁夏盐池县生态治理政策的类型与变化——基于政策工具视角. 中国沙漠，39（3）：107～116

张晓东. 2018. 基于遥感和 GIS 的宁夏盐池县地质灾害风险评价研究. 北京：中国地质大学博士学位论文：20～22

张晓东，刘湘南，赵志鹏，等. 2018. 基于 Landsat 影像的宁夏盐池县植被景观格局变化特征. 西北农林科技大学学报（自然科学版），46（6）：75～84

第2章　沙地-草地景观界面的判定及草地沙化关键区域的确定

　　景观界面（landscape boundary）的提出起源于生态交错带，其概念是由生态交错带（ectone）发展而来的（尤文忠等，2005），与生态交错带、生态过渡区（transition zone）等同。景观界面是生态系统中生物及其生态环境特征出现不连续的空间，是相对均衡的景观要素间的"突发转换区"或"异常空间连接区域"，广泛存在于各种尺度水平。景观界面深刻影响着生态系统的结构、功能以及不同尺度景观的生态过程。生态系统由于自然和人为活动的干扰，始终处于某种变化状态。系统是否处于稳定状态可以用系统边缘或相邻生态系统间界面层的变化来衡量。景观界面是具有多种结构特征的特殊景观（Strayer et al.，2003），本身是具有空间和时间动态的实体，影响相邻生态系统和自身的结构与过程（Williams-Linera，1990；Forman，1995），在自然或人为干扰下，往往出现生态平衡发展的双向性，或是朝着生态质量水平提高的方向发展，或是向着质量水平降低的方向发展（关卓今，2001）。沙漠化生态系统间界面层内的物能梯度变化较大，可以根据界面层内的物能梯度的方向和大小判断系统的演替方向（陈玉福和董鸣，2003）。

　　随着对景观界面在环境管理和恢复中重要性的认识（di Castri and Hansen，1992；Risser，1995），景观界面的判定成为一个新的热点。景观界面位置和宽度的判定是定量研究景观界面生态学过程的基础，特别是在斑块尺度格局和动态、群落尺度种群统计和种群尺度异质种群的行为等研究中具有重要意义（石培礼和李文华，2002）。为了增强对形成和维持景观界面的各种过程的理解，首先应确定界面的空间位置（Fortin，1994）。景观界面的判定依赖于响应变量在空间和时间序列上的变化，当响应变量变化的峭度和变幅较大时，景观界面是容易判定的，明显的景观界面出现在控制变量发生突变的环境梯度上或出现在相应变量生态阈限的边缘（Gosz，1992）。但是，当响应变量梯度变化是渐变的，或者即使变化值变化峭度较大但变幅较小也是较难判定的（Hansen-Bristow and Ives，1984）。对界面位置和宽度的判定有助于划分生态系统类型，了解生态系统的特征和动态。

　　本研究通过野外调查、实测，以土壤颗粒组成及植被物种重要值（IV）为参数，采用游动分割窗法确定毛乌素沙地南缘沙地-草地景观界面的位置和宽度，以期更深入地了解整个界面沙化草地的演变过程。

2.1　研　究　方　法

2.1.1　野外调查和取样

植被调查采用样线法。于 7～8 月植物生长最旺盛时期，在典型草原-沙地景观界面，根据盐池县植被分布图，自西南向东北，从典型草原外围边界开始，至流动沙丘为止，设置三条 110km 的平行样线（记为 TA、TB、TC），样线间距为 2km，在每条样线上每隔 2km 设置样地，共计 165 个，每个样地设置 3 个样方（草本 1m×1m 或 2m×2m；灌木 10m×10m 或 5m×20m）。在沙地-荒漠草原景观界面，根据盐池县沙边子植被分布图，从北向南，自流动沙丘开始，一直到缓坡丘陵梁地草地外围边界为止，设置三条长度为 3.1～4.4km 的平行样线（TA、TB、TC），样线间距为 1.5km，在每条样线上每隔 100m 设置样地，共计 107 个，每个样地设置 3 个样方（草本 1m×1m 或 2m×2m；灌木 10m×10m 或 5m×20m）。

在每个样方，调查灌木和草本植物的物种组成、密度、高度、盖度、频度，并计算各物种的重要值，记录样方所在的具体位置、微地形等。同时，每个样方设 5 个取样点，分 0～5cm、5～20cm、20～50cm、50～100cm 采集土壤样品，将同层的 5 个样混合均匀，用于土壤理化性质的测定。

2.1.2　土壤颗粒组成的测定

土壤机械组成采用比重计法测定，按黏粒（<0.002mm）、细粉粒（0.002～0.02mm）、粗粉粒（0.02～0.05mm）、细砂粒（0.05～0.25mm）和中粗砂粒（0.25～2mm）划分。

2.1.3　景观界面的判定及沙化类型草地的划分

1. 景观界面的判定

本研究中景观界面的判定采用游动分割窗（moving split-window，MSW）法。其原理如图 2-1 所示，将具有 8 个取样点的窗体平均分割为两个半窗体 a 和 b，计算 a 和 b 之间的相异系数，然后将窗体向右移动一个取样点，再计算半窗体间的相异系数，直到右半窗端点达到最后一个取样点为止。最后将相异系数系列沿取样点坐标轴作图，根据曲线的峭度和变异定量判断景观界面的类型、位置和宽度。陡峭的峰值出现区即景观界面所在的位置，峰两边明显出现起伏的端点之间的距离·(即峰宽)为景观界面的宽度,峰宽的端点即景观界面和相邻生态系统(或群落)的边界。距离函数的峰值越陡,峰宽越窄,景观界面过渡越明显;相反,峰值较低且峰宽较大,景观界面是较为渐变的类型。有很多函数,如相对欧氏距离(relative Euclidean distance,RED)、弦距离(chord distance,CRD)等均可用来计算相邻分割窗之间的相异系数,最常用的函数是平方欧氏距离(square Euclidean distance,SED)(Johnston et al.,1992;Choesin and Boerner,2002):

$$SED_{nw} = \sum_{i=1}^{a} (\bar{X}_{iaw} - \bar{X}_{ibw})^2$$

式中,SED_{nw} 为 a、b 两个半窗体之间的平方欧氏距离;$\bar{X}_{iaw}$ 为半窗体 a 各取样点的平均值;$\bar{X}_{ibw}$ 为半窗体 b 各取样点的平均值。

图 2-1　游动分割窗分析原理示意图

2. 沙化类型草地的划分

本研究中沙化类型草地的划分不采用一般标准,而是根据本试验中景观界面的判定结果,依据整个界面中存在的边界,分别将沙地-荒漠草原景观界面和典型草原-沙地景观界面划分为不同的沙化类型草地。

2.2　结　　果

2.2.1　沙地-荒漠草原景观界面的判定及沙化类型草地的划分

毛乌素沙地南缘沙地-荒漠草原景观界面样地设在宁夏盐池沙边子治沙基地。依地貌单元,该地可定性地划分为沙丘地、盐化丘间低地和缓坡丘陵梁地三个类型。本书采用定量方法对该区域景观界面进行判定,以期更深入地了解整个界面的变化过程。

1. 以 0~5cm 土壤颗粒组成为参数的判定

在毛乌素沙地南缘沙地-荒漠草原景观界面,以 0~5cm 土壤颗粒组成为参数,采用游动分割窗法计算的平方欧氏距离在样带 TA 上出现了三个波峰(图 2-2)。第一波峰出现在样地 4 到样地 8,峰值出现在样地 6 附近,显示的是流动半流动沙丘和固定半固定沙地的界面;第二波峰出现在样地 14 到样地 19,峰值出现在样地 17 附近，显示的是固定半固定沙地和盐化丘间低地的界面；第三波峰出现在样地 21 到样地 27，峰值出现在样地 24 附近，显示的是盐化丘间低地和缓坡丘陵梁地之间的界面。这三个波峰峭度都较高，表明自流动半流动沙丘，经固定半固定沙地、盐化丘间低地到缓坡丘陵梁地，不同类型之间的边界都较为明显。

　　SED 在样带 TB 上出现了三个波峰。第一波峰出现在样地 4 到样地 8，峰值出现在样地 7 附近，显示的是流动半流动沙丘和固定半固定沙地的界面；第二波峰出现在样地 22 到样地 28，峰值出现在样地 25 附近，显示的是固定半固定沙地和盐化丘间低地的边界；第三波峰出现在样地 33 到样地 39，峰值出现在样地 36 附近，显示的是盐化丘间低地和缓坡丘陵梁地之间的界面，此峰峭度较高，表明盐化丘间低地和缓坡丘陵梁地之间的边界较为明显。在该样带中，第一和第二波峰较为平缓，说明在样带 TB 附近，流动半流动沙丘和固定半固定沙地以及固定半固定沙地和盐化丘间低地之间的界面不甚明显，其土壤质地是渐变的，而且由于这些相邻生态系统长期相互作用、相互影响，其间朝着同质的方向发展，景观界面表现为缓慢、渐变的特性；另外，该样带整个 SED 曲线在第三波峰前波动性较大，表明各生态系统内部空间异质性较高。

　　SED 在样带 TC 上出现了两个明显的波峰。第一波峰出现在样地 12 到样地 19，峰值出现在样地 16 附近，显示的是固定半固定沙地和盐化丘间低地之间的界面；第二波峰出现在样地 22 到样地 27，峰值出现在样地 26 附近，显示的是盐化丘间低地和缓坡丘陵梁地之间的界面。这两个波峰峭度都较高，说明固定半固定沙地、盐化丘间低地和缓坡丘陵梁地这三个相邻系统之间的界面较为明显。在样地 4 到样地 6 有一个小的波峰，但峰值很低，说明依据 0～5cm 土壤颗粒组成判定，流动半流动沙丘和固定半固定沙地景观界面不明显，在长期的演变过程中，这两个相邻系统的地表土壤质地趋于同质。

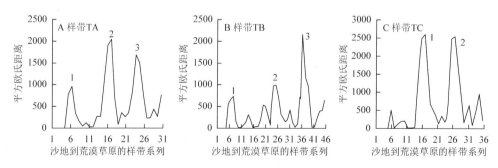

图 2-2　沙地-荒漠草原景观界面基于 0～5cm 土壤颗粒组成的平方欧氏距离的游动分割窗峰值

　　2. 以 5～20cm 土壤颗粒组成为参数的判定

　　以毛乌素沙地南缘沙地-荒漠草原景观界面 5～20cm 土壤颗粒组成为参数计

算的 SED 在样带 TA 上出现了三个波峰。第一波峰出现在样地 4 到样地 9，峰值出现在样地 7 附近，显示的是流动半流动沙丘和固定半固定沙地的界面，但峰值附近波动较大；第二波峰出现在样地 14 到样地 19，峰值位于样地 16 附近，显示的是固定半固定沙地和盐化丘间低地的界面；第三波峰分布于样地 22 到样地 27，峰值出现在样地 24 附近，波峰显示的是盐化丘间低地和缓坡丘陵梁地的界面。其中，第二波峰和第三波峰峭度较高，表明自固定半固定沙地经盐化丘间低地到缓坡丘陵梁地之间界面明显。

SED 在样带 TB 上出现了 6 个较为明显的波峰，整体波动性较大。其中第一波峰出现在样地 4 到样地 9，峰值出现在样地 7 附近，显示的是流动半流动沙丘和固定半固定沙地之间的界面，此峰峭度较高，说明边界较为明显；第二到第五波峰出现在样地 10 到样地 33，波峰较为密集，表明固定半固定沙地和盐化丘间低地两个系统在长期演变过程中，特别是风蚀作用产生的生态流，使得两侧系统相互影响，导致 5～20cm 土壤质地没有明显梯度变化，而且各系统内部空间异质性较高；第六波峰分布于样地 34 到样地 41，峰值出现在样地 36 附近，峭度较高，显示出盐化丘间低地和缓坡丘陵梁地之间存在明显的边界。

SED 在样带 TC 上出现了两个明显的波峰。第一波峰出现在样地 12 到样地 17，峰值出现在样地 15 附近，显示的是固定半固定沙地和盐化丘间低地之间的界面；第二波峰出现在样地 20 到样地 26，峰值出现在样地 23 附近，显示的是盐化丘间低地和缓坡丘陵梁地之间的界面。在流动半流动沙丘和固定半固定沙地之间没有明显的波峰，说明依据 5～20cm 土壤颗粒组成判定，流动半流动沙丘和固定半固定沙地景观界面不明显，与依据 0～5cm 土壤颗粒组成的判定结果一致（图 2-3）。

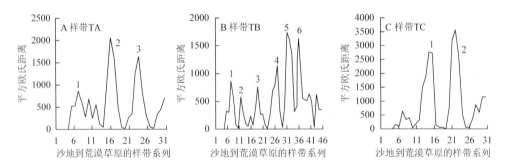

图 2-3　沙地-荒漠草原景观界面基于 5～20cm 土壤颗粒组成的平方欧氏距离的游动分割窗峰值

3. 以植被为参数的判定

以植被物种重要值为参数判定，SED 在样带 TA 上出现了三个峰。第一波峰出现在样地 4 到样地 9，峰值出现在样地 7 附近，显示的是流动半流动沙丘和固定半固定沙地之间的界面。第二波峰出现在样地 13 到样地 19，峰值出现在样地 16 附近，显示的是固定半固定沙地和盐化丘间低地之间的界面。前两个波峰峭度较高，说明物种在这两个界面区域具有急变性特征。第三波峰出现在样地 26 到样地 29，峰值出现在样地 28 附近，显示的是盐化丘间低地和缓坡丘陵梁地之间的界面，该峰峭度较低，说明植被自盐化丘间低地到缓坡丘陵梁地具有渐变性特征。自样地 23 之后，曲线波动性较大，SED 总体较高，表明植被在该区域不呈梯度变化，而是具有斑块特征，特别是在盐化丘间低地，我们在调查中发现，其植被呈现明显的斑块分布，不同的斑块物种组成不同，有些斑块以碱地风毛菊（*Saussurea runcinata*）、蒙山莴苣（*Lactuca tataric*）、西伯利亚蓼（*Polygonum sibiricum*）等占优势，有些斑块则以星状刺果藜（*Bassia dasyphylla*）、尖头叶藜（*Chenopodium acuminatum*）、赖草（*Leymus secalinus*）等为优势植物，这些斑块表现为随机分布，无明显规律。

SED 在样带 TB 上出现了三个波峰。第一波峰出现在样地 4 到样地 11，峰值出现在样地 7 附近，显示的是流动半流动沙丘和固定半固定沙地之间的界面，此峰峭度较高，说明植被在该区域变化较大。第二波峰出现在样地 16 到样地 24，峰值出现在样地 20 附近。第三波峰出现在样地 35 到样地 41，峰值出现在样地 37 附近。这两个波峰相对都较平稳，说明自固定半固定沙地边缘，经盐化丘间低地到缓坡丘陵梁地之间植被是渐变的。另外，自样地 24 之后，曲线波动性较大，呈现出与样带 TA 相同的规律。

SED 在样带 TC 上出现了三个波峰。第一波峰出现在样地 4 到样地 9，峰值出现在样地 7 附近，显示的是流动半流动沙丘和固定半固定沙地之间的界面。第二波峰出现在样地 13 到样地 19，峰值出现在样地 16 附近，显示的是固定半固定沙地和盐化丘间低地之间的界面。第三波峰出现在样地 26 到样地 30，峰值出现在样地 29 附近，显示盐化丘间低地和缓坡丘陵梁地之间的界面。SED 在该样带的分布图整体与样带 TA 类似，说明从流动半流动沙丘到缓坡丘陵梁地整个区域，该样带的植被变化与样带 TA 基本一致（图 2-4）。

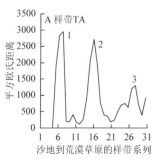
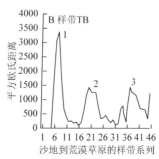
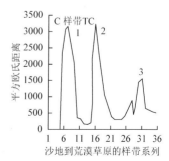

图 2-4 沙地-荒漠草原景观界面基于植被物种重要值的平方欧氏距离的游动分割窗峰值

4. 基于不同参数判定的景观界面结果比较

基于0～5cm、5～20cm土壤颗粒组成和植被物种重要值判定的沙地-荒漠草原景观界面的比较见图2-5。在样带TA区域，不同参数判定的景观界面位置不完全相同，但它们趋于一致。第一峰值均出现在样地6和样地7之间；第二峰值均出现在样地16和样地17之间；第三峰值土壤和植被判定的位置差异较大，其中，基于0～5cm和5～20cm土壤颗粒组成判定的界面位置均出现在样地24，而以植被物种重要值判定的界面位置出现在样地28。在样带TB区域，基于0～5cm土壤颗粒组成和植被物种重要值计算的SED均出现了三个峰值。第一峰值均出现在样地7，而依这两个参数计算的SED第二峰值和第三峰值位置不同，依0～5cm土壤颗粒组成计算的SED峰值分别出现在样地25和样地36；依植被物种重要值计算的SED峰值分别位于样地20和样地37；基于5～20cm土壤颗粒组成计算的SED值在样带系列上出现了6个峰值，其中第一和第六峰值与0～5cm土壤颗粒组成和植被物种重要值计算的SED峰值位置接近。在样带TC上，基于土壤颗粒组成计算的SED出现了两个峰值，基于植被物种重要值计算的SED出现了三个峰值，基于植被物种重要值判定的第二峰值与基于土壤判定的第一峰值均出现在样地15到样地16，表明基于土壤判定，流动半流动沙丘和固定半固定沙丘边界不明显，依不同参数判定的固定半固定沙地和盐化丘间低地之间的界面位置基本一致，而在盐化丘间低地到缓坡丘陵梁地过渡地带，不同参数判定的界面位置不同。

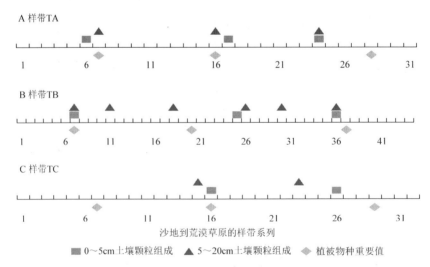

图 2-5　沙地-荒漠草原景观界面基于不同深度土壤颗粒组成和植被物种重要值的界点位置比较

综合以上判定结果，在沙地-荒漠草原景观界面存在3个边界，由此将整个过渡带划分为 4 个类型：流动半流动沙丘草地（SS），植被以北沙柳（*Salix psammophylla*）、沙蓬（*Agriophyllum squarrosum*）、沙地旋覆花（*Inula salsoloides*）等为主；固定半固定沙地草地（FS），植被以油蒿（*Artemisia ordosica*）为主，伴生大量一年生植物；盐化丘间低地草地（SB），植被以白刺（*Nitraria sibirica*）为主，伴生一定量的芨芨草（*Achnatherum splendens*）及一年生植物；缓坡丘陵梁地草地（SR），植被主要包括刺蓬（*Salsola pestifer*）、中亚白草（*Pennisetum centrasiaticum*）、苦豆子（*Sophora alopecuroides*）和赖草（*Leymus secalinus*）等。以上 4 个类型与定性描述的地貌类型吻合。

2.2.2　典型草原-沙地景观界面的判定及沙化类型草地的划分

1. 以 0～5cm 土壤颗粒组成为参数的判定

以毛乌素沙地南缘典型草原-沙地景观界面 0～5cm 土壤颗粒组成为参数计算的 SED 在样带 TA 上出现了 5 个波峰。第一、二波峰出现在样地 4 到样地 12，峰值分别出现在样地 6 和样地 8 附近；第三波峰出现在样地 23 到样地 28，峰值出现在样地 26 附近；第四波峰出现在样地 32 到样地 35，峰值出现在样地 33 附近；第五波峰出现在样地 46 到样地 49，峰值出现在样地 48 附近。

SED 在样带 TB 上出现了 5 个波峰。第一波峰出现在样地 5 到样地 11，峰值出现在样地 8 附近；第二波峰出现在样地 24 到样地 28，峰值出现在样地 26 附近；第三波峰出现在样地 32 到样地 35，峰值出现在样地 33 附近；第四、五波峰出现在样地 42 到样地 49，峰值分别出现在样地 45 和样地 47 附近。

SED 在样带 TC 上出现了 4 个波峰。第一波峰出现在样地 5 到样地 12，峰值出现在样地 8 附近；第二波峰出现在样地 24 到样地 28，峰值出现在样地 26 附近；第三波峰出现在样地 32 到样地 35，峰值出现在样地 33 附近；第四波峰出现在样地 46 到样地 49，峰值出现在样地 47 附近。

总体来看，虽然三条样线的 SED 曲线不完全一致，但它们表现出相似的趋势，在样地 5 到样地 11、样地 24 到样地 28、样地 32 到样地 35、样地 46 到样地 49 均出现了峰值（图 2-6）。

2. 以 5～20cm 土壤颗粒组成为参数的判定

以典型草原-沙地景观界面 5～20cm 土壤颗粒组成为参数计算的 SED 在样带 TA 上出现了 4 个波峰。第一波峰出现在样地 4 到样地 11，峰值出现在样地 8 附近；第二波峰出现在样地 23 到样地 26，峰值出现在样地 24 附近；第三波峰出

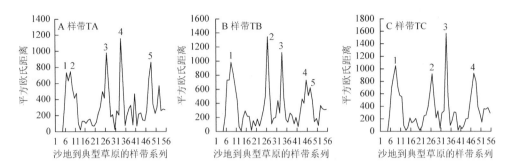

图 2-6　典型草原-沙地景观界面基于 0～5cm 土壤颗粒组成的平方欧氏距离的游动分割窗峰值

现在样地 31 到样地 35，峰值出现在样地 33 附近；第四波峰出现在样地 48 到样地 53，峰值出现在样地 50 附近。

　　SED 在样带 TB 上出现了 6 个波峰。第一、二波峰出现在样地 5 到样地 10，峰值分别出现在样地 6 和样地 8 附近；第三波峰出现在样地 25 到样地 28，峰值出现在样地 27 附近；第四波峰出现在样地 30 到样地 35，峰值出现在样地 32 附近；第五波峰出现在样地 42 到样地 45，峰值出现在样地 44 附近；第六波峰出现在样地 49 到样地 53，峰值出现在样地 50 附近。

　　SED 在样带 TC 上出现了 5 个波峰。第一波峰出现在样地 5 到样地 10，峰值出现在样地 8 附近；第二、三波峰出现在样地 23 到样地 27，峰值分别出现在样地 24 和样地 26 附近；第四波峰出现在样地 31 到样地 35，峰值出现在样地 33 附近；第五波峰出现在样地 49 到样地 52，峰值出现在样地 50 附近。

　　基于三条样线总体结果，依据 5～20cm 土壤颗粒组成判定，自典型草原到沙地存在 4 个界面，分别位于样地 5 到样地 10、样地 23 到样地 27、样地 31 到样地 35 和样地 49 到样地 51（图 2-7）。

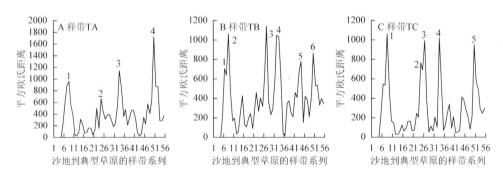

图 2-7　典型草原-沙地景观界面基于 5～20cm 土壤颗粒组成的平方欧氏距离的
游动分割窗峰值

3. 以植被物种重要值为参数的判定

依据植被物种重要值计算的 SED 在典型草原到沙地样带系列上的曲线出现较多的波峰（图 2-8）。其中，SED 在样带 TA 上出现了 6 个峰值，分别位于样地 8、样地 11、样地 16、样地 34、样地 50、样地 53 附近；在样带 TB 上出现了 7 个峰值，分别位于样地 8、样地 12、样地 26、样地 34、样地 45、样地 51、样地 53 附近；在样带 TC 上出现了 7 个峰值，分别位于样地 7、样地 12、样地 16、样地 26、样地 34、样地 49、样地 53 附近。可以看出，基于植被物种重要值计算的 SED 曲线在三条样线上波动都较大，总体 SED 值较高，而且均出现多个峰值。

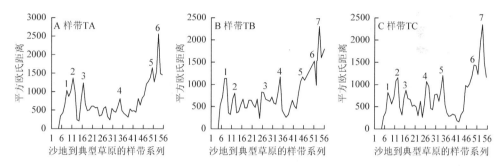

图 2-8　典型草原-沙地景观界面基于植被物种重要值的平方欧氏距离的游动分割窗峰值

4. 基于不同参数判定的景观界面结果比较

基于 0～5cm、5～20cm 土壤颗粒组成和植被物种重要值判定的典型草原-沙地景观界面的比较见图 2-9。在样带 TA 区域，基于 0～5cm 和 5～20cm 土壤颗粒组成判定的界面位置不完全相同，但它们趋于一致，在样地 6 到样地 8、样地 24 到样地 26、样地 33、样地 48 到样地 50 附近均出现了峰值。在样带 TB 区域，基于 0～5cm 和 5～20cm 土壤颗粒组成的 SED 曲线在样地 6 到样地 8、样地 26 和样地 27、样地 32 和样地 33、样地 44 到样地 50 附近均出现了峰值。在样带 TC 区域，基于土壤颗粒组成判定，SED 波峰的位置处于样地 8、样地 24 到样地 26、样地 33、样地 47 到样地 50。在三条样带系列上，基于植被物种重要值计算的 SED 波峰都较多，而且几乎判定出所有依据土壤参数判定的界面。以上结果也表明，依据植被物种重要值，界面判定结果较为模糊，不能清晰地判定典型草原-沙地景观界面的变化。这说明随着草地沙化或恢复，植被先行演变，表现出在整个界面不规律的交替变化。比如在典型草原向沙地演变的过程中，基于植被的 SED 在样地 11 和样地 16 均出现了较高的峰值，变化较为明显，而基于土壤的 SED 在样地 24 到样地 26 才出现第二波峰值，滞后于植被。这也表明不论是在草地沙化还是恢复过程中，植被变化先行于土壤变化，而土壤变化滞后于植被变化。

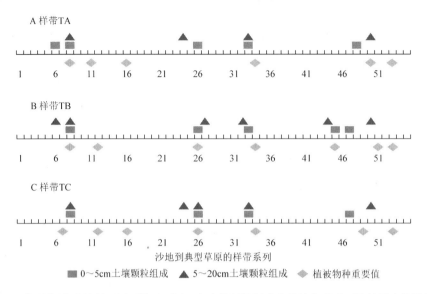

沙地到典型草原的样带系列

■ 0～5cm土壤颗粒组成　　▲ 5～20cm土壤颗粒组成　　◆ 植被物种重要值

图 2-9　典型草原-沙地景观界面基于不同深度土壤颗粒组成和植被物种重要值的界点位置比较

综合考虑三条样线 0～5cm、5～20cm 土壤颗粒组成及植被物种重要值的判定结果，样地 23 到样地 28 和样地 31 到样地 35 两个波峰位置接近，因此将其合并，作为一个较宽的界面，由此，在整个典型草原-沙地过渡带可以确定 3 个较为明显的边界，即边界 1（样地 5 到样地 11）、边界 2（样地 23 到样地 35）和边界 3（样地 44 到样地 53）。这些景观界面是相邻生态系统的过渡区域，也是生物和环境变化的临界区，对自然条件变化和人类干扰非常敏感，是防止草地沙化和进行植被恢复的关键区域，更需加强管理。

依据以上 3 个边界，将整个典型草原-沙地过渡带划分为 4 个沙化类型草地：潜在沙漠化草地（PD），中心位于样地 1 到样地 4，植被以长芒草（*Stipa bungeana*）、牛枝子（*Lespedeza potaninii*）等草原物种为主，表层土壤中砂粒含量较低，为 34%～37%；轻度沙漠化草地（LD），处于样地 12 到样地 22，植被以牛枝子（*Lespedeza potaninii*）、长芒草（*Stipa bungeana*）、刺蓬（*Salsola pestifer*）、狗尾草（*Setaria viridis*）和赖草（*Leymus secalinus*）为主，土壤表层浮沙较多，砂粒含量占 67%～75%；中度沙漠化草地（MD），位于样地 36 到样地 43，植被以刺蓬（*Salsola pestifer*）、中亚白草（*Pennisetum centrasiaticum*）、瘤果虫实（*Corispermum tylocarpum*）和苦豆子（*Sophora alopecuroides*）等为主，表层土壤中砂粒含量达 87% 左右；严重沙漠化草地（SD），处于样地 52 到样地 55，植被以沙生灌木如北沙柳（*Salix psammophylla*）、白莎蒿（*Artemisia blepharolepis*）为主，混生一定量的沙生多年生和一年生草本植物，土壤中细颗粒成分极少，砂粒含量高达 93%～97%，且深层土壤中砂粒含量高于表层土壤。

2.3 讨 论

景观界面是特殊的景观类型，作为景观内部生态系统之间的过渡区间，是不同生态作用力的交汇地段，也是景观组分扩张和收缩的前沿地区（曾辉等，2000）。景观界面通过对相邻生态系统结构和过程的影响，从而在不同空间尺度上对生态系统产生不同影响（Woodroffe and Ginsberg，1998；Cadenasso and Pickett，2000）。另外，景观界面自身是具有空间和时间动态的实体（Wiens et al.，1985）。由于物种在景观界面可能达到其耐受极限，因此景观界面对环境变化尤为敏感，外界环境的变化往往导致景观界面的特征首先发生变化。景观界面是动态变化的，其位置的变化可作为环境变化的指示（Fortin et al.，2000）。对景观界面的深入研究，有助于人们认识和利用景观界面的各种特性与动力学机制（尤文忠等，2005）。

沙地-草地景观界面是连接沙地生态系统和草地生态系统的动态实体，是调节这两个不同生态系统之间生态流和生物化学过程的重要过渡地带，对环境变化和人类干扰非常敏感。无论在草地沙化还是恢复过程中，沙地-草地景观界面都是关键区域。宁夏盐池北部风沙区位于毛乌素沙地西南边缘，该区处于鄂尔多斯台地向黄土高原的过渡地带，地貌类型复杂，地形起伏较大，自然植被以沙生植被为主体，沙源丰富，干旱多风的气候特点为风蚀荒漠化提供了动力条件，而人类不合理的经济活动更致使不堪重负的沙地生态系统趋于恶化，风蚀加剧，使得大面积土地发生沙质荒漠化（凌侠等，2004）。20 世纪 70 年代中期，沙化面积占全县总面积的 20.2%，80 年代中期增加到 27.3%，至 2000 年沙漠化面积达到 51.8%（王涛和朱震达，2003）。

本研究采用景观界面理论，以沙地-荒漠草原和典型草原-沙地界面层为研究对象，通过野外调查和实测，依据土壤颗粒组成和植被物种重要值数据分析盐池县草地沙化动态。结果表明，以 0～5cm 土壤颗粒组成、5～20cm 土壤颗粒组成和植被物种重要值为参数分别判定沙地-草地景观界面的位置和宽度，其结果各不相同，即不同的景观特征所指示的界面位置不同。Carter 等（1994）研究了沼泽边缘生态过渡带的动态变化，表明以植被、土壤和水文为参数判定的界面位置不同。Anderson 等（1980）通过在美国 Connecticut 东部的森林湿地上的研究发现，沿跨越湿地边界的样带的土壤含水量变化与植被组成没有很好的相关性。Allen 等（1989）观测森林/湿地过渡带的地下水位、土壤特性和植被特征，发现只有草本层与土壤湿度有相关的明确的梯度。Fortin（1994）对一次生林的调查发现，不同的植被特征（树种密度、物种存在与否、物种多样性等）所划分的界面并不重合，反映了不同的植被特征对环境变化有着不同的敏感性。陈玉福和董鸣（2003）对毛乌素沙地 2 种常见的相邻斑块类型——丘间低地—固定沙丘和流动沙丘—固定沙丘中植被盖度、物种数、土壤有机碳含量和土壤有机氮含量进行调查，表明依据不同的参数判定的景观边界不同。以上这些现象说明不同的景观过程可能产生不同的生态学边界。不同的环境因素在空间上的异质性形成不同的环境边界，植被在空间上的变化形成生物学边界，这些不同要素形成的边界互有关联，但未必完全重合（Carter et al.，1994；Fortin et al.，1996；Cadenasso et al.，2003）。

2.4　小　　结

基于不同参数判定的界面位置和宽度不完全一致，但它们互相有一定重合，在 SED 曲线上出现共同的波峰。其中，基于植被参数计算的 SED 在样带系列上出现较多的波峰，界面判定结果较为模糊，特别是在典型草原-沙地景观界面，基于土壤和植被的 SED 在样地 6 到样地 8 均出现了第一波峰，随后，基于植被计算的 SED 在样地 11、样地 16 和样地 26 均出现了峰值，而基于土壤计算的 SED 在样地 24 到样地 26 才出现第二波峰，表现出草地沙化过程中土壤变化滞后于植被变化的特征。

综合植被和土壤参数的判定结果，毛乌素沙地南缘沙地-荒漠草原生态过渡带分别在流动半流动沙丘草地与固定半固定沙地草地、固定半固定沙地草地与盐化丘间低地草地及盐化丘间低地草地与缓坡丘陵梁地草地之间存在 3 个边界，由此将整个界面划分为流动半流动沙丘草地、固定半固定沙地草地、盐化丘间低地草地和缓坡丘陵梁地草地 4 个沙化类型；典型草原-沙地过渡带存在 3 个边界，由此将整个界面划分为潜在沙漠化草地、轻度沙漠化草地、中度沙漠化草地和严重沙漠化草地 4 个类型。

参 考 文 献

陈玉福，董鸣.2001. 毛乌素沙地景观的植被与土壤特征空间格局及其相关分析. 植物生态学报，25（3）：265～269

陈玉福，董鸣.2003. 毛乌素沙地景观内斑块间的多种边界. 应用生态学报，14（3）：467～469

关卓宇.2001. 生态边缘效应与生态平衡变化方向. 生态学杂志，20（2）：52～55

凌侠，董智，孙保平，等.2004. 盐池沙地退化草场植被恢复与流沙防治效果分析. 内蒙古农业大学学报，25（4）：38～42

石培礼，李文华.2002. 生态交错带的定量判定. 生态学报，22（4）：586～592

王涛，朱震达.2003. 我国沙漠化研究的若干问题——1.沙漠化的概念及其内涵. 中国沙漠，23（3）：209～214

熊丹，欧晓昆，黄文君，等.2014. 基于土壤养分的农林生态系统生态交错带宽度测定. 生态科学，33（3）：594～602

尤文忠，刘明国，曾德慧.2005. 森林景观界面研究概况. 辽宁林业科技，（5）：31～34

曾辉，孔宁宁，高凌云.2000. 基于组分边界特征的景观动态研究——以珠江三角洲常平地区为例. 应用基础与工程科学学报，8（2）：126～133

赵学勇，常学礼，张铜会，等.2000. 景观生态学原理在沙漠化研究中的应用. 中国沙漠，20（增刊）：38～41

Allen S D, Golet F C, Davis A F, et al. 1989. Soil-vegetation correlation in transition zones of Rhode Island red maple swamps. U.S. Fish and Wildlife Service Biological Report, 89 (8): 47

Anderson P H, Lefor M W, Kennard W C. 1980. Forested wetlands in eastern Connecticut: their transition zones and delineation. Water Resour Bull, 16 (2): 248~255

Cadenasso M L, Pickett S T A. 2000. Linking forest edge structure to edge function: mediation of herbivore damage. Journal of Ecology, 88: 31~44

Cadenasso M L, Pickett S T A, Weathers K C, et al. 2003. A framework for a theory of ecological boundaries. Bioscience, 53 (8): 750~758

Carter V, Gammon P T, Garrett M K. 1994. Ecotone dynamics and boundary determination in the great dismal swamp. Ecological Applications, 4 (1): 189~203

Choesin D, Boerner R E J. 2002. Vegetation boundary detection: a comparison of two approaches applied to field data. Plant Ecology, 158: 85~96

di Castri F, Hansen A J. 1992. The environment and development crises and determinants of landscape dynamics. *In*: Hansen A J, di Castria F. Landscape Boundaries: Consequences for Biotic Diversity and Ecological Flows. New York: Springer Verlag: 3~18

Forman R T T. 1995. Land Mosaics: The Ecology of Landscapes and Regions. Cambrige (United kingdom): Cambridge University Press

Fortin M J. 1994. Edge detection algorithms for two-dimensional ecological data. Ecology, 75: 956~965

Fortin M J, Drapeau P, Jacquez G M. 1996. Quantification of the spatial co-occurrences of ecological boundaries. Oikos, 77: 51~60

Fortin M J, Olson R J, Ferson S, et al. 2000. Issues related to the detection of boundaries. Landscape Ecology, 15: 453~466

Gosz J R. 1992. Ecological functions in a biome transition zone: translating local response to broad-scale dynamics. *In*: Hansen A J, di Castri F. Landscape Boundary-Consequence for Biotic Diversity and Ecological Flow. New York: Spring-Verlag Press: 55~75

Hansen-Bristow K J, Ives J D. 1984. Changes in the forest-alpine tundra ecotone: colorado front range. Physical Geograph, 5: 186~197

Johnston C A, Pastor J, Pinay G. 1992. Quantitative methods for studying landscape boundaries. *In*: Hansen A J, di Castria F. Landscape Boundaries: Consequences for Biotic Diversity and Ecological Flows. New York: Springer Verlag: 107~125

Risser P G. 1995. The status of the science examining ecotone. Bioscience, 45: 318~325

Strayer D L, Power M E, Fagan W F, et al. 2003. A classification of ecological boundaries. Bioscience, 53: 723~729

Wiens J A, Crawford C S, Gosz J R. 1985. Boundary dynamics: a conceptual framework for studying landscape ecosystems. Oikos, 45: 412~427

Williams-Linera G. 1990. Vegetation structure and environmental conditions of forest edges in Panama. Journal of Ecology, 78: 356~373

Woodroffe R, Ginsberg J R. 1998. Edge effects and the extinction of populations inside protected areas. Science, 280 (5372): 2126~2128

第3章 不同尺度范围内沙化草地植物群落
结构的变化

植被是草地生态系统中生物系统的重要组成部分，是由当地气候、土壤、地形及人类活动干扰等内外因素综合作用的结果，其演替特征也是当地环境条件可视景观的综合反映（吕世海和卢欣石，2006）。土地沙化是一种环境退化过程，其发生不仅使表土丧失、地表形态重塑，也直接和间接地导致植被发生变化。土地沙化和植被退化是密切相关并相互影响的过程，植被通过直接覆盖地表、拦截土壤颗粒、降低空气流通速率保护地面免受风蚀（Wolfe and Nickling，1996）。植被退化会导致土地的裸露，给风蚀提供了前提条件；土壤风蚀则破坏了植被的生存条件，促进了植被退化（杨持等，2002）。植物群落的逆行、进展演替实质上对应着土地沙化的正、逆过程（赵丽娅和赵哈林，2000）。

物种多样性作为植被群落的重要特征，标示群落系统内部及其与周围环境关系的变化，体现了群落的结构类型、组织水平、发展阶段、稳定程度和生境差异。物种多样性包括两个方面，一是指一定区域内物种的总和，主要从分类学、系统学和生物地理学角度对一个区域内物种的状况进行研究，也称区域物种多样性；二是指生态学方面的均匀程度，常常从群落组织水平进行研究，也称生态多样性或群落多样性（汪殿蓓等，2001），它不仅受物种数量的影响，而且受物种空间分布均匀性的影响。植物群落从简单到复杂的过程，也是动物、微生物群落由低级到高级、由简单到复杂的过程（陈祝春和李定淑，1992）。物种多样性为生态系统功能的运行和维持提供了种源基础和支持条件。任何生态系统或群落类型都有其物种多样性特征，这种特征是该生态系统功能维持的生物基础（Grime，1997；Tilman and Downing，1994）。因此，研究植被物种多样性是认识生态系统结构和功能变化的基础。许多研究表明，由于自然界植被构成的复杂性、多变性和对环境的依赖性，物种的多样性在不同环境下表现不同。

草地沙化，首先表现为植物群落的逆向演替以及土壤理化性状的退化。草地生态系统的退化，核心是地上植被的逆向演替和生物多样性的丧失。本试验通过对毛乌素沙地南缘生态过渡带不同尺度范围内植被物种组成及多样性的变化分析，探讨草地植被对土地沙化的响应，为合理组织人类活动、保护草地生态系统功能、防止土地沙漠化提供理论依据。

3.1　研　究　方　法

3.1.1　样方设置及植被调查

具体方法同第 2 章。

3.1.2　沙化类型草地的划分

本研究中沙化类型草地的划分没有采用国家标准，而是根据本试验中景观界面的判定结果，依据整个界面中存在的边界，分别将沙地-荒漠草原景观界面和典型草原-沙地景观界面划分为不同的沙化类型草地（具体划分结果见第 2 章）。

3.1.3　物种多样性的计算

1. 群落 α 多样性的计算

α 多样性是指某个群落或生境内部的种的多样性，是通过测度群落中的种数、各种群的均匀程度以及总个体数来表征群落的结构。对于物种多样性的计算，很多学者都提出了各自的计算公式，归纳起来可分为 3 类，即丰富度指数（richness index），如 Patrick 指数、Menhinick 指数、Margalef 指数；多样性指数（diversity index），如 Shannon-Wiener 指数、Simpson 指数、McIntosh 指数；均匀度指数（evenness index），如 Alatalo 指数、Pielou 指数、McIntosh 指数（张金屯，2004）。本书选用以下几个目前较为普遍使用的物种多样性指数的计算公式。

丰富度指数（R）：

$$R = S$$

Shannon-Wiener 多样性指数（H）：

$$H = -\sum_{i=1}^{s}(P_i \ln P_i) \quad (P_i = n_i / N)$$

Simpson 多样性指数（D）：

$$D = 1 - \sum_{i=1}^{s} P_i^2$$

Pielou 均匀度指数（E）：

$$E = H/\ln S$$

式中，S 为物种总数；P_i 为第 i 个物种的相对重要值；n_i 为第 i 个物种的重要值，

n_i = (相对盖度 + 相对密度 + 相对高度 + 相对频度)/4；N 为群落中所有物种的重要值之和。

2. 群落 β 多样性的计算

β 多样性是指在一个梯度上从一个生境到另一个生境所发生的种的多样性变化速率和范围，用来表示生物种类对环境异质性的反应。群落 β 多样性的测度有许多方法，如 Whittaker 指数（β_w）、Cody 指数（β_c）、Wilson-Shmida 指数（β_T）、Bray-Curtis 指数（C_N）、Sorenson（C_s）指数等（马克平，1994）。本研究选用较为简便的 Sorenson 指数：

$$C_s = 2j/(a + b)$$

式中，a 为样地 A 的物种数；b 为样地 B 的物种数；j 为样地 A 和 B 共有的物种数。

3.2　结　　果

3.2.1　沙地-荒漠草原景观界面植被物种多样性的变化

1. 沙地-荒漠草原景观界面不同类型草地植被分布特征

从流动半流动沙丘草地到缓坡丘陵梁地草地所有调查样方中，共鉴定出 43 种植物，分属 12 科，其中主要是一些旱生、沙生灌木及半灌木、多年生草本和一年生草本植物。在流动半流动沙丘，植被主要由沙生灌木、半灌木如北沙柳（*Salix psammophylla*）、白莎蒿（*Artemisia blepharolepis*）、花棒（*Hedysarum scoparium*），以及沙生草本植物如沙鞭（*Psammochloa villosa*）、沙蓬（*Agriophyllum squarrosum*）、沙地旋覆花（*Inula salsoloides*）等组成；固定半固定沙地以油蒿（*Artemisia ordosica*）为主，伴生一定量的星状刺果藜（*Bassia dasyphylla*）、尖头叶藜（*Chenopodium acuminatum*）、中亚白草（*Pennisetum centrasiaticum*）、苦豆子（*Sophora alopecuroides*）等；盐化丘间低地主要是白刺（*Nitraria sibirica*），同时伴生大量的星状刺果藜、尖头叶藜、赖草（*Leymus secalinus*）和苦豆子等；梁地主要有刺蓬（*Salsola pestifer*）、中亚白草、牛枝子（*Lespedeza potaninii*）、苦豆子和赖草等。由表 3-1、表 3-2 可以看出，不同类型草地植被在整个变化过程中，固定半固定沙地是一个重要的转折点，从固定半固定沙地到流动半流动沙丘这一过程是物种丧失最快的时期。根据植物物种生活型来看，不同生境中一年生植物均占较高的比例，即使在缓坡丘陵梁地草地，一年生植物种数仍占到 42.31%，而其重要值比值也达 44.69%。据实测，在干旱季节或年份，缓坡丘陵梁地草地植被总盖度仅为 37.83%。这说明该地区植被极不稳定,在干旱少雨季节或年份,一年生植物萌发及生长受限,植被盖度极低,很容易产生风蚀,造成土地沙化。

表 3-1 沙地-荒漠草原景观界面不同类型草地植物组成及其重要值

植物种	科名	生活型	SS	FS	SB	SR
多枝棘豆 *Oxytropis ramosissima*	豆科	多年生草本	14.36	—	—	—
沙鞭 *Psammochloa villosa*	禾本科	多年生草本	12.41	—	—	—
沙蓬 *Agriophyllum squarrosum*	藜科	一年生草本	13.89	3.66	0.97	0.01
地梢瓜 *Cynanchum thesioides*	萝藦科	多年生草本	11.85	1.01	—	1.55
白莎蒿 *Artemisia blepharolepis*	菊科	半灌木	13.02	—	—	—
油蒿 *Artemisia ordosica*	菊科	半灌木	—	39.99	—	—
花棒 *Hedysarum scoparium*	豆科	灌木	7.39	—	—	—
北沙柳 *Salix psammophylla*	杨柳科	灌木	8.18	—	—	—
杨柴 *Hedysarum leave*	豆科	灌木	8.04	—	—	—
沙地旋覆花 *Inula salsoloides*	菊科	多年生草本	10.86	—	0.06	—
瘤果虫实 *Corispermum tylocarpum*	藜科	一年生草本	—	2.44	2.46	9.38
星状刺果藜 *Bassia dasyphylla*	藜科	一年生草本	—	16.61	17.06	1.36
尖头叶藜 *Chenopodium acuminatum*	藜科	一年生草本	—	11.34	16.12	7.81
蒺藜 *Tribulus terrestris*	蒺藜科	一年生草本	—	0.23	0.08	0.78
刺蓬 *Salsola pestifer*	藜科	一年生草本	—	6.19	5.19	19.86
中亚白草 *Pennisetum centrasiaticum*	禾本科	多年生草本	—	6.00	2.02	13.14
地锦 *Euphorbia humifusa*	大戟科	一年生草本	—	0.88	—	0.42
狗尾草 *Setaria viridis*	禾本科	一年生草本	—	2.14	0.71	3.40
赖草 *Leymus secalinus*	禾本科	多年生草本	—	1.95	8.96	8.59
苦豆子 *Sophora alopecuroides*	豆科	半灌木	—	5.43	5.32	9.48
猪毛菜 *Salsola collina*	藜科	一年生草本	—	—	0.38	1.26
白茎盐生草 *Halogeton arachnoideus*	藜科	一年生草本	—	0.03	0.95	0.25
老瓜头 *Cynanchum komarovii*	萝藦科	多年生草本	—	1.58	2.37	0.32
披针叶黄华 *Thermopsis lanceolata*	豆科	多年生草本	—	0.10	1.96	1.20
飞廉 *Carduus crispus*	菊科	二年生草本	—	0.15	—	0.16
叉枝鸦葱 *Scorzonera divaricata*	菊科	多年生草本	—	—	—	3.27
脓疮草 *Panzeria alaschanica*	唇形科	多年生草本	—	—	0.20	—
砂珍棘豆 *Oxytropis racemose*	豆科	多年生草本	—	—	—	0.49
碱地风毛菊 *Saussurea runcinata*	菊科	多年生草本	—	—	0.38	—
蒙山莴苣 *Lactuca tatarica*	菊科	多年生草本	—	0.04	2.76	1.84
草地风毛菊 *Saussurea amara*	菊科	多年生草本	—	—	2.17	—

续表

植物种	科名	生活型	SS	FS	SB	SR
银灰旋花 *Convolvulus ammannii*	旋花科	多年生草本	—	—	0.11	1.58
西伯利亚蓼 *Polygonum sibiricum*	蓼科	多年生草本	—	—	—	—
碱蓬 *Suaeda glauca*	蓼科	一年生草本	—	—	6.11	—
小画眉草 *Eragrostis poaeoides*	禾本科	一年生草本	—	—	0.03	—
西伯利亚滨藜 *Atriplex sibirica*	蓼科	一年生草本	—	—	4.68	—
地肤 *Kochia scoparia*	蓼科	一年生草本	—	—	0.75	—
细弱隐子草 *Cleistogenes gracilis*	禾本科	多年生草本	—	—	0.50	0.41
白刺 *Nitraria sibirica*	蒺藜科	灌木	—	—	17.60	—
牛枝子 *Lespedeza potaninii*	豆科	半灌木	—	0.23	0.19	11.27
乳浆大戟 *Euphorbia esula*	大戟科	多年生草本	—	—	0.02	0.84
匍根骆驼蓬 *Peganum nigellastrum*	蒺藜科	多年生草本	—	—	0.11	0.91
丝叶山苦荬 *Ixeris chinensis* var. *graminifolia*	菊科	多年生草本	—	—	—	0.62

注：SS. 流动半流动沙丘草地；FS. 固定半固定沙地草地；SB. 盐化丘间低地草地；SR. 缓坡丘陵梁地草地。下同

表 3-2　沙地-荒漠草原景观界面不同类型草地植物生活型组成

类型	物种总数	多年生草本			一年生草本			灌木或半灌木		
		物种数	物种比例/%	重要值比值/%	物种数	物种比例/%	重要值比值/%	物种数	物种比例/%	重要值比值/%
SS	9	4	44.44	49.48	1	11.11	13.89	4	44.44	36.63
FS	19	6	31.58	10.68	10	52.63	43.67	3	15.79	45.65
SB	29	13	44.83	21.62	13	44.83	55.49	3	10.34	23.11
SR	26	13	50.00	34.76	11	42.31	44.69	2	7.69	20.75

2. 沙地-荒漠草原景观界面不同类型草地植物群落 α 多样性

毛乌素沙地南缘沙地-荒漠草原景观界面物种变化的总趋势为：随沙化程度的加重，物种丰富度降低，特别是自盐化丘间低地草地至流动半流动沙丘草地下降十分明显。Simpson 指数、Shannon-Wiener 指数、Pielou 指数的变化趋势与物种丰富度一致，都表现为盐化丘间低地草地＞缓坡丘陵梁地草地＞固定半固定沙地草地＞流动半流动沙丘草地，其中各指数在盐化丘间低地草地和缓坡丘陵梁地草地之间差异不显著（$P > 0.05$），从盐化丘间低地草地到固定半固定沙地草地阶段及固定半固定沙地草地到流动半流动沙丘草地阶段减少速度较快（表 3-3）。这一结果表明，从维持物种多样性稳定的角度看，毛乌素沙地南缘沙地-荒漠草原景

观界面沙化过程对草场植被的影响在盐化丘间低地草地到固定半固定沙地草地、固定半固定沙地草地到流动半流动沙丘草地区域最大，这两个区域是该地区沙漠化防治的关键区域。

表 3-3　沙地-荒漠草原景观界面不同类型草地植物群落 α 多样性

沙化草地类型	丰富度	Shannon-Wiener 指数	Simpson 指数	Pielou 指数
流动半流动沙丘草地	5.87 ± 0.55^{c}	1.23 ± 0.10^{c}	0.63 ± 0.04^{c}	0.72 ± 0.03^{b}
固定半固定沙地草地	9.31 ± 0.33^{b}	1.68 ± 0.04^{b}	0.74 ± 0.01^{b}	0.76 ± 0.01^{a}
盐化丘间低地草地	13.38 ± 0.21^{a}	2.05 ± 0.02^{a}	0.82 ± 0.01^{a}	0.79 ± 0.01^{a}
缓坡丘陵梁地草地	13.24 ± 0.58^{a}	2.02 ± 0.04^{a}	0.82 ± 0.01^{a}	0.79 ± 0.01^{a}

注：同列字母不同者为差异显著（$P<0.05$），字母相同者为差异不显著（$P>0.05$）。下同

3. 沙地-荒漠草原景观界面不同类型草地植物群落 β 多样性

群落 β 多样性是反映群落物种沿某一环境梯度的替代程度，其实质是反映生境的变化程度或指示生境被物种分隔的程度（Wilson and Schmida，1984）。β 多样性与 α 多样性一起构成群落的总体多样性或这一地段的生物异质性，因此 β 多样性的测度更能体现群落物种与时空尺度的紧密结合，更有益于认识植物群落的时空结构和功能过程（马克平等，1995；李新荣等，2000）。表 3-4 表明，缓坡丘陵梁地草地与盐化丘间低地草地之间群落相似系数达 0.7368，缓坡丘陵梁地草地和固定半固定沙地草地之间群落相似系数达 0.7826，盐化丘间低地草地和固定半固定沙地草地之间群落相似系数为 0.6122，说明自缓坡丘陵梁地草地经盐化丘间低地草地到固定半固定沙地草地，物种替代率相对较低，系统处于相对稳定阶段。固定半固定沙地草地和流动半流动沙丘草地相比，群落相似系数仅为 0.1428，说明到流动半流动沙丘草地阶段，群落中大部分物种已被能适应新环境的物种替代，群落演替进入新的阶段，生境发生质的改变，表明沙化演替下降到最低等级，生境异质性达到最大化。

表 3-4　沙地-荒漠草原景观界面不同类型草地植物群落 β 多样性变化

沙化草地类型	SS	FS	SB	SR
SS	1.0000			
FS	0.1428	1.0000		
SB	0.1026	0.6122	1.0000	
SR	0.1111	0.7826	0.7368	1.0000

3.2.2 典型草原-沙地景观界面植被物种多样性的变化

1. 典型草原-沙地景观界面不同沙化类型草地植被分布特征

从潜在沙漠化草地到严重沙漠化草地所有调查样方中，共鉴定出 64 种植物，表 3-5 显示了不同沙化类型草地主要物种的重要值。在潜在沙化草地共鉴定出 23 种植物，植被组成以长芒草（*Stipa bungeana*）和牛枝子（*Lespedeza potaninii*）等草原物种为主，伴生一定量的二裂委陵菜（*Potentilla bifura*）、细弱隐子草（*Cleistogenes gricilis*）和猪毛蒿（*Artemisia scoparia*）；在轻度沙化草地共鉴定出 49 种植物，以牛枝子、长芒草、刺蓬（*Salsola pestifer*）、狗尾草（*Setaria viridis*）和赖草（*Leymus secalinus*）为主；中度沙化草地有 28 种植物，主要有刺蓬、中亚白草（*Pennisetum centrasiaticum*）、瘤果虫实（*Corispermum tylocarpum*）和苦豆子（*Sophora alopecuroides*）；严重沙化草地有 17 种植物，以沙生灌木如北沙柳（*Salix psammophylla*）、白莎蒿（*Artemisia blepharolepis*）为主，混生一定量的沙生多年生和一年生草本植物。

不同沙化类型草地物种数以轻度沙化草地最多，其次为中度沙化草地，这也显示了生态过渡带的边缘效应特征。随着沙化程度的加重，中旱生和旱生多年生草本植物比例下降，而沙生多年生草本、一年生草本、灌木和半灌木比例逐渐增加（表 3-6）。

表 3-5　典型草原-沙地景观界面不同沙化类型草地植物组成及其重要值

植物种	科名	生活型	PD	LD	MD	SD
牛枝子 *Lespedeza potaninii*	豆科	多年生草本	29.79	13.12	5.89	—
细弱隐子草 *Cleistogenes gracilis*	禾本科	多年生草本	7.90	5.40	—	—
长芒草 *Stipa bungeana*	禾本科	多年生草本	30.02	9.12	—	—
猪毛蒿 *Artemisia scoparia*	菊科	一年生草本	7.65	4.38	—	—
二裂委陵菜 *Potentilla bifurca*	蔷薇科	多年生草本	10.72	3.08	—	—
瘤果虫实 *Corispermum tylocarpum*	藜科	一年生草本	1.10	2.75	13.32	0.43
砂珍棘豆 *Oxytropis racemose*	豆科	多年生草本	0.12	1.63	0.46	—
狗尾草 *Setaria viridis*	禾本科	一年生草本	1.00	7.66	6.68	0.57
蒺藜 *Tribulus terrestris*	蒺藜科	一年生草本	1.44	1.64	2.54	0.10
叉枝鸦葱 *Scorzonera divaricata*	菊科	多年生草本	0.05	2.45	0.57	—
赖草 *Leymus secalinus*	禾本科	多年生草本	2.79	7.45	6.60	—
丝叶山苦荬 *Ixeris chinensis* var. *graminifolia*	菊科	多年生草本	0.34	0.78	0.61	—

续表

植物种	科名	生活型	PD	LD	MD	SD
中亚白草 *Pennisetum centrasiaticum*	禾本科	多年生草本	0.65	3.42	13.79	—
乳浆大戟 *Euphorbia esula*	大戟科	多年生草本	—	2.12	1.76	—
老瓜头 *Cynanchum komarovii*	萝藦科	多年生草本	—	3.47	0.33	—
星状刺果藜 *Bassia dasyphylla*	藜科	一年生草本	—	0.22	1.87	5.17
地梢瓜 *Cynanchum thesioides*	萝藦科	多年生草本	—	0.08	1.07	10.31
沙芦草 *Agropyron mongolicum*	禾本科	多年生草本	—	5.86	—	—
苦豆子 *Sophora alopecuroides*	豆科	半灌木	—	1.00	9.99	0.17
刺蓬 *Salsola pestifer*	藜科	一年生草本	0.49	7.87	22.28	2.47
沙蓬 *Agriophyllum squarrosum*	藜科	一年生草本	—	0.10	0.13	3.88
短花针茅 *Stipa breviflora*	禾本科	多年生草本	—	0.53	—	—
冷蒿 *Artemisia frigida*	菊科	多年生草本	3.05	0.14	—	—
披针叶黄华 *Thermopsis lanceolata*	豆科	多年生草本	—	—	1.45	—
尖头叶藜 *Chenopodium acuminatum*	藜科	一年生草本	—	—	5.02	5.33
沙地旋覆花 *Inula salsoloides*	菊科	多年生草本	—	—	—	2.08
北沙柳 *Salix psammophylla*	杨柳科	灌木	—	—	—	20.89
沙鞭 *Psammochloa villosa*	禾本科	多年生草本	—	—	—	7.58
花棒 *Hedysarum scoparium*	豆科	灌木	—	—	—	5.75
杨柴 *Hedysarum leave*	豆科	灌木	—	—	—	7.89
多枝棘豆 *Oxytropis ramosissima*	豆科	多年生草本	—	—	—	4.99
白莎蒿 *Artemisia blepharolepis*	菊科	半灌木	—	—	—	14.04
油蒿 *Artemisia ordosica*	菊科	半灌木	—	—	—	8.35

注: PD. 潜在沙化草地; LD. 轻度沙化草地; MD. 中度沙化草地; SD. 严重沙化草地。下同

表 3-6　典型草原-沙地景观界面不同沙化类型草地植物生活型组成

沙化草地类型	物种总数	多年生草本			一年生草本			灌木和半灌木		
		物种数	物种比例/%	重要值比值/%	物种数	物种比例/%	重要值比值/%	物种数	物种比例/%	重要值比值/%
PD	23	17	73.91	87.33	6	26.09	12.67	0	0	0
LD	49	34	69.39	67.71	15	30.61	32.29	0	0	0
MD	28	13	46.43	43.63	14	50.00	55.94	1	3.57	0.43
SD	17	3	17.65	19.97	8	47.06	22.94	6	35.29	57.09

2. 典型草原-沙地景观界面不同类型草地植物群落 α 多样性

典型草原-沙地景观界面 Pielou 指数在各沙化类型草地间差异不显著（$P>0.05$）；丰富度、Shannon-Wiener 指数和 Simpson 指数的变化趋势为自潜在沙化草地到轻度沙化草地增加，自轻度沙化草地至严重沙化草地，随沙化程度的加重又逐渐降低，特别是中度沙化草地到严重沙化草地，物种多样性指数下降较快，说明这一阶段物种减少得最快（表 3-7）。

表 3-7　典型草原-沙地景观界面不同沙化类型草地植物群落 α 多样性

沙化草地类型	丰富度	Shannon-Wiener 指数	Simpson 指数	Pielou 指数
PD	11.80 ± 1.12^b	1.90 ± 0.05^b	0.75 ± 0.01^b	0.78 ± 0.01^a
LD	17.10 ± 1.12^a	2.21 ± 0.04^a	0.84 ± 0.01^a	0.79 ± 0.01^a
MD	14.10 ± 0.98^{ab}	2.03 ± 0.05^{ab}	0.81 ± 0.01^a	0.77 ± 0.01^a
SD	7.20 ± 0.61^c	1.52 ± 0.07^c	0.71 ± 0.03^c	0.80 ± 0.02^a

3. 典型草原-沙地景观界面不同沙化类型草地植物群落 β 多样性

由表 3-8 可知，潜在沙化草地与轻度沙化草地之间群落相似系数为 0.6389，轻度沙化草地与中度沙化草地之间群落相似系数为 0.5714。这说明自潜在沙化草地，经轻度沙化草地至中度沙化草地，物种替代率相对较低，相邻生态系统之间植被表现出渐变特征。中度沙化草地和严重沙化草地相比，群落相似系数仅为 0.4889，说明至沙化顶级阶段，物种出现根本性的变化，植被表现出急变性特征，群落极不稳定，生态环境发生质的改变。

表 3-8　典型草原-沙地景观界面不同沙化类型草地植物群落 β 多样性变化

沙化草地类型	PD	LD	MD	SD
PD	1.0000			
LD	0.6389	1.0000		
MD	0.4706	0.5714	1.0000	
SD	0.2500	0.3030	0.4889	1.0000

3.3　讨　　论

土地沙化和植被退化是密切相关并相互影响的过程，植被通过直接覆盖地表、拦截土壤颗粒、降低空气流通速率而保护地面免受风蚀（Wolfe and Nickling，1996）。

　　生物多样性是测度生态系统内物种组成、结构多样性和复杂化程度的客观指标，是生态系统内生物群落对生物和非生物环境综合作用的外在反映，生物多样性研究已成为当今植物生态学研究的热点之一（Harrison，1999）。物种多样性是一个群落结构和功能复杂性的度量，表征着生物群落和生态系统的结构复杂性，体现了群落的结构类型、组织水平、发展阶段、稳定程度和生境差异，任何生态系统或群落类型的物种多样性特征都是该生态系统功能维持的生物基础（Grime，1997；Tilman and Downing，1994）。

　　毛乌素沙地南缘沙地-荒漠草原景观界面植被变化趋势为：从缓坡丘陵梁地草地到流动半流动沙丘草地物种多样性逐渐降低，在缓坡丘陵梁地草地，多年生草本物种数占 50%，其重要值比值达 34.76%，随着土地进一步沙化，一年生草本植物和沙生灌木、半灌木逐渐入侵，降低了多年生草本植物的竞争能力，到沙化顶级阶段，即流动半流动沙丘草地，植被主要由沙生灌木、半灌木和一些沙生一年生草本植物组成。总体来看，从缓坡丘陵梁地草地到沙化顶级阶段，植物群落组成均以耐瘠薄性很强的植物为主。在典型草原-沙地景观界面，物种多样性变化为潜在沙化草地低于轻度沙化草地（这也显示了景观界面的边缘效应特征），自轻度沙化草地到严重沙化草地，物种多样性逐渐降低；不同沙化类型草地优势物种替代明显。在潜在沙化草地，植被以草原物种如长芒草和牛枝子为主，混生有一定量的二裂委陵菜、细弱隐子草和猪毛蒿，植被具有较高的生态价值和经济价值。随着沙化程度的加重，土壤粗粒化、养分损失，这些草原物种失去了其原有的竞争优势，逐步让位于耐旱、抗风蚀的多年生和一年生草本植物，并最终被沙生一年生草本植物和灌木（半灌木）取代。因此，随着沙化程度的加重，这些草原物种由潜在沙化草地的优势种逐渐变为亚优势种直至严重沙化草地完全消失；同时，一些耐风蚀沙埋的沙生植物种随着沙化的加重逐渐增加，并最终成为严重沙化草地的优势物种。常学礼和邬建国（1998）对科尔沁沙地沙漠化过程中物种多样性的变化特征进行了分析，表明植物丰富度随沙漠化过程加剧而降低，到严重沙漠化阶段时大部分植物种绝灭，只有很少几个种可以残存。赵哈林等（2002）对不同土地利用方式下 4 种类型沙漠化土地的植被特征进行调查，表明土地沙漠化导致植被的明显变化，植被发生逆向演替，群落优势种不断更替，最终形成耐牧耐风沙的沙生植物群落。左小安等（2006）对科尔沁沙地草地不同退化阶段植被群落进行分析，表明原生地带性群落及演替早期群落物种丰富、多样性高，结构复杂，随着退化、沙化，群落物种减少，物种多样性降低，草地群落结构趋于简单、质量下降。草地沙化，植被灌丛化明显，群落结构趋于简单化，群落 α 多样性急剧下降，优势种更加突出（吕世海和卢欣石，2006）。植被物种组成与群落演替的动态变化格局反映了沙化过程中群落环境的变化和生物多样性对这种变化的响应过程。物种的生态特性决定其在群落中的优势度，不同的环境可能适合一些物种而不适合另外一些物种。从物种多样性与生态系统功能的关系来看，在沙化过程中，优势种在群落中的地位和作用非常突出，各个物种在群落或生态系统中的作用并非等同，某些物种，特别是优势种的生态功能对群落的作用是不可替代的，在沙化严重的地区及干旱风沙区等生态脆弱区，生态系统功能的维持强烈地依赖于某些主要种群的作用（Walker，1992；Lawton and Brown，1993）。

3.4 小　　结

在沙地-荒漠草原景观界面，不同生境的植被变化趋势为：从缓坡丘陵梁地草地到流动半流动沙丘草地多年生草本植物逐渐减少，一年生草本植物和沙生灌木、半灌木逐渐增加，到沙化顶级阶段，即流动半流动沙丘草地，植被主要由沙生灌木、半灌木和一些沙生一年生草本植物组成。总体来看，从缓坡丘陵梁地草地到沙化顶级阶段，植物群落组成均以耐瘠薄性很强的植物为主。

在典型草原向沙地系统的生态转换过程中，植物群落中长芒草、牛枝子、细弱隐子草等多年生草本植物逐渐减少，一年生草本植物及北沙柳、白莎蒿等灌木和半灌木逐渐增加并最终成为优势种。

在沙地-荒漠草原景观界面，Shannon-Wiener 指数由缓坡丘陵梁地草地的 2.02 降至流动半流动沙丘草地的 1.23；在典型草原-沙地景观界面，Shannon-Wiener 指数由轻度沙化草地的 2.21 降至严重沙化草地的 1.52。这说明草地群落结构趋于简单，优势种更加突出。

参 考 文 献

常学礼，邬建国. 1998. 科尔沁沙地景观格局特征的研究. 生态学报，18（3）：225～232

陈祝春，李定淑. 1992. 科尔沁沙地奈曼旗固沙造林沙丘土壤微生物区系的变化. 中国沙漠，12（3）：16～21

李新荣，张景光，刘立超，等. 2000. 我国干旱沙漠地区人工植被与环境变化过程中植物多样性研究. 植物生态学报，24（3）：257～261

吕世海，卢欣石. 2006. 呼伦贝尔草地风蚀沙化植被生物多样性研究. 中国草地学报，28（4）：6～10

马克平. 1994. 生物群落多样性的测度方法//中国科学院生物多样性委员会. 生物多样性研究的原理与方法. 北京：中国科学技术出版社：141～165

马克平，刘灿然，刘玉明. 1995. 生物多样性的测度方法Ⅱ-β 多样性的测度方法. 生物多样性，3（1）：38～43

汪殿蓓，暨淑仪，陈飞鹏. 2001. 植物群落多样性研究综述. 生态学杂志，20（4）：55～60

杨持，刘颖如，刘美玲，等. 2002. 多伦县沙质草原植被的变化趋势分析. 中国沙漠，22（4）：393～397

张金屯. 2004. 数量生态学. 北京：科学出版社

赵哈林，赵学勇，张铜会，等. 2002. 北方农牧交错区沙漠化的生物过程研究. 中国沙漠，22（4）：309～315

赵丽娅，赵哈林. 2000. 我国沙漠化过程中的植被演替研究概述. 中国沙漠，20（增刊）：7～14

左小安，赵学勇，赵哈林，等. 2006. 科尔沁沙地草地退化过程中的物种组成及功能多样性变化特征. 水土保持学报，20（1）：181～185

Grime J P. 1997. Biodiversity and ecosystem function：the debate deepens. Science，277：1260～1261

Harrison S. 1999. Local and regional diversity in patchy landscape：native alien and endemic herbs on serpentine. Ecology，80：70～80

Lawton J H，Brown V K. 1993. Redundency in ecosystems. *In*：Schulze E D，Money H A. Biodiversity and Ecosystem Function. New York：Springer-Verlag：225～270

Tilman D，Downing J A. 1994. Biodiversity and stability in grasslands. Nature，367：363～365

Walker B H. 1992. Biological diversity and ecological redundancy. Conservation Biology，6：18～23

Wilson M V，Schmida A. 1984. Measuring beta diversity with presence-absence data. Journal of Ecology，（72）：1055～1064

Wolfe S A，Nickling W G. 1996. Shear stress partitioning in sparsely vegetated desert canopies. Earth Surface Processes and Landforms，21：607～620

第 4 章　不同尺度范围内沙化草地地境因子的变化

土壤是生态系统中重要的地境因子,沙化演变的一个基本指征就是土壤退化。土地沙化的实质是表层土壤细颗粒组分和营养物质的搬运,或风沙在地表的覆盖和堆积,其结果是表层土壤的粗粒化、单粒化、养分的贫瘠化和土壤环境的干旱化演变导致土地生产力的下降或丧失(赵哈林等,1996;肖洪浪等,1998;刘良梧等,2000)。在某一特定的时间和空间尺度上,土地沙化的演变是一个由渐变到突变的过程,必然会导致尺度范围土壤特性空间异质性的增加(苏永中和赵哈林,2004)。

土地沙化的演变,使得活化的沙物质在风力作用下发生运移(苏永中和赵哈林,2004),土壤出现质地粗化、肥力降低、生产力下降等一系列变化(潘晓玲和张宏达,1995)。土壤粒级分布主要用于土壤分类及评定相关的土壤特性(Lobe et al.,2001),影响水分的运移和保持、土壤溶质、热量和空气。在沙化过程中,土壤有机碳和养分的损失、持水量的降低、土壤结构及其他生物学特性的损耗均伴随着由风蚀作用产生的土壤细颗粒运移(Zalibekov,2002;Su et al.,2004)。土壤粒级分布的变化为土壤遭受风蚀和沙化程度提供了有用的指示。

土壤养分是植物赖以生长、繁殖的物质保障,其含量的多少直接关系到植物生物量的高低。土地沙化导致的土壤养分损失是植物生长、发育和繁殖受阻的重要原因之一(赵哈林,1993)。土壤有机碳(SOC)是土壤固相的一个重要组成部分,其生物化学循环是调节生态系统功能的重要过程(Regina and Tarazona,2000),在协调土壤、植被及其周围环境的关系中起着重要作用。SOC及其活性组分作为微生物能源物质也影响着土壤养分的有效性,其矿化速率控制养分的通量(Saggar et al.,2001),是土壤肥力及环境质量状况的重要表征。对于严重沙化的草地来讲,保持和丰富土壤有机碳含量,是稳定和恢复沙化草地的先决条件。同时,土壤有机碳影响土壤结构和土壤团聚体的形成及其稳定性(Lal,2000),因而也决定了土壤抵抗侵蚀的能力。土地沙化是 SOC 伴随着土壤颗粒粗质化而丧失的过程(苏永中等,2002)。在易发生风蚀的沙地生态系统中,土壤养分保蓄、土壤结构保持、土壤抗风蚀能力与 SOC 密切相关,SOC 含量下降到某一水平时,土壤结构分散,物理稳定性丧失,其阈限水平取决于土壤质地(Lal,2000)。

土壤生物学指标如微生物群落、酶活性等对由环境或管理因素引起的变化非常敏感，并具有较好的时效性特点，能敏感地反映出土壤质量和健康状况的变化，被用作土壤质量变化的早期预警生物指标，已显示出很好的潜力，是土壤质量评价不可缺少的指标（孙波等，1997；任天志和 Grego，2000）。土壤微生物是土壤生态亚系统的活跃成员，几乎与所有土壤过程有关，是土壤有机质和土壤养分转化与循环的主要动力，其所含养分是植物生长所需养分的重要来源之一（Brussard，1994）。土壤酶与土壤有机、无机成分结合在一起，参与土壤的生物化学反应。因此，微生物生物量、微生物群落组成及其生物多样性、酶活性等生物特性参数可表征土壤质量的变化（孙波等，1999；任天志和Grego，2000）。

土壤环境的恶化首先威胁到土壤微生物和土壤动物的生存与繁衍，使土壤微生物和动物数量明显减少，酶活性下降（刘新民等，2000）。微生物数量和酶活性受沙漠化的影响非常大，和非沙漠化土地相比，严重沙漠化土地微生物数量下降95%，酶活性下降 39.5%~90.6%（赵哈林等，2002）。土壤中微生物含量和酶活性的降低，既反映了土壤环境的恶化，又说明土壤肥力的下降和生态系统物质循环能力的减弱（吕桂芬，1999），也从另一个侧面反映了生物退化过程。沙质土壤由于沙粒垒结的松散土体结构，保水保肥性能较差，有机物质和养分含量很低，土壤微生物赖以生存的物质基础和环境条件恶劣，反映出极低的酶活性。随着沙化程度的加重，与土壤物理化学肥力因素有关的过氧化氢酶、尿酶和碱性磷酸酶的活性随之下降，其可作为沙化演变过程中土壤质量变化的辅助指标（苏永中等，2002）。

4.1　研　究　方　法

4.1.1　样方设置及取样

具体方法同第 2 章。

4.1.2　沙化类型草地的划分

具体方法同第 2 章和第 3 章。

4.1.3　土壤取样（土壤生物学特性的测定样品）

分别在典型草原-沙地景观界面和沙地-荒漠草原景观界面两个不同尺度界面

层，沿植被调查路线选取各沙化类型草地，随机确定取样点，分 0～5cm 和 5～20cm 采用多点混合法采集土壤样品，保鲜带回实验室，用于土壤微生物类群数量和酶活性的测定。

4.1.4 土壤样品分析项目及方法

1. 土壤理化性质分析

土壤水分含量采用烘干法测定；土壤有机质含量采用重铬酸钾容量法测定；土壤全氮含量采用凯氏定氮法测定；水解氮含量采用碱解扩散法测定；速效磷含量采用碳酸氢钠浸提-钼锑抗比色法测定；速效钾含量采用乙酸铵浸提，火焰光度法测定；可溶性盐含量采用 1∶5 混悬液测定（鲍士旦，2000）。

2. 土壤微生物数量的测定

采用平板涂布培养计数法测定土壤三大菌类数量。好气性细菌采用牛肉膏蛋白胨琼脂培养基；真菌采用马丁（Martin）培养基；放线菌采用改良高氏 1 号培养基。每个样品选用 3 个稀释度，每个稀释度重复 3 次。

好气性自生固氮菌采用改良瓦克斯曼（Waksman）77 号培养基；好气性纤维素菌采用郝奇逊（Hutchinson）培养基；硝化细菌采用改良斯蒂芬逊（Stephenson）培养基。前两类菌群采用平板涂抹法培养；硝化细菌采用稀释法培养（许光辉和郑洪元，1986）。

3. 土壤酶活性的测定

过氧化氢酶活性采用高锰酸钾（0.1mol/L KMnO$_4$）滴定法，以单位土重消耗高锰酸钾毫升数（对照与试验测定的差）表示。脱氢酶采用 TTC（2, 3, 5-三苯基四氮唑氯化物）法，以 TTC 的还原产物形成量表示。脲酶活性采用靛酚比色法测定，以尿素为基质，测定释放的 NH$_3$-N 含量。碱性磷酸酶活性用苯磷酸二钠法，以苯磷酸二钠为基质，比色测定其水解释放的酚量。转化酶活性采用 3, 5-二硝基水杨酸比色法，以蔗糖为基质，比色测定释放的葡萄糖含量（关松荫，1986）。

4.1.5 数据统计

采用 Excel 2003 和 SPSS 18.0 软件进行统计分析，采用单因子方差分析（one-way ANOVA）法和最小显著差异（LSD）法进行方差分析和多重比较。

4.2　结　　果

4.2.1　沙地-草地景观界面土壤理化性质的变化

1. 沙地-荒漠草原景观界面土壤理化性质的变化

（1）沙地-荒漠草原景观界面土壤含水量的变化

毛乌素沙地南缘沙地-荒漠草原景观界面不同类型草地各土层深度土壤含水量变化均为盐化丘间低地草地＞缓坡丘陵梁地草地＞固定半固定沙地草地＞流动半流动沙丘草地（表 4-1）。其中，盐化丘间低地草地各土层深度含水量均显著高于固定半固定沙地草地和流动半流动沙丘草地（P＜0.05），而不同土层其他类型草地之间土壤含水量差异不显著（P＞0.05）。这可能是盐化丘间低地草地中的地形造成的，因其属丘间低地，相对处于地形起伏的下伏部位，地势低洼，能容纳水分，水分在土壤表面的保持和滞留，可使水分入渗的时间增加，从而导致土壤含水量较高。从垂直分布看，在 0～100cm 土层内，各类型草地土壤含水量随土层深度的增加逐渐增加，均为 0～5cm 土层最低，50～100cm 土层最高（P＜0.05），这是由于干沙层可以阻碍深层水分的散失，有利于入渗水分的保存。总体来看，除盐化丘间低地草地外，各类型草地土壤含水量均较低，尤其在植被盖度较低的流动半流动沙丘草地，土壤表层含水量仅为 0.38%。

表 4-1　沙地-荒漠草原景观界面不同类型草地土壤含水量　　　（%）

沙化草地类型	土层深度			
	0～5cm	5～20cm	20～50cm	50～100cm
流动半流动沙丘草地	0.38 ± 0.01^b	0.59 ± 0.16^b	1.02 ± 0.08^b	2.09 ± 0.52^b
固定半固定沙地草地	0.50 ± 0.08^b	1.73 ± 0.32^b	2.26 ± 0.46^b	2.42 ± 0.97^b
盐化丘间低地草地	2.56 ± 0.83^a	6.47 ± 2.17^a	8.74 ± 1.14^a	9.16 ± 1.48^a
缓坡丘陵梁地草地	1.21 ± 0.30^{ab}	2.34 ± 0.75^b	3.57 ± 1.08^b	3.77 ± 0.70^b

注：同列字母不同者为差异显著（P＜0.05），字母相同者为差异不显著（P＞0.05）。下同

（2）沙地-荒漠草原景观界面土壤颗粒组成的变化

毛乌素沙地南缘沙地-荒漠草原景观界面不同类型草地各层土壤砂粒含量均为缓坡丘陵梁地草地＜盐化丘间低地草地＜固定半固定沙地草地＜流动半流动沙丘草地；黏粒、粉粒含量呈现出与砂粒含量相反的趋势，为流动半流动沙丘草地＜固定半固定沙地草地＜盐化丘间低地草地＜缓坡丘陵梁地草地（图 4-1）。土壤颗

粒组成从缓坡丘陵梁地草地到流动半流动沙丘草地呈现出明显的梯度变化，说明随着沙化的进程，土壤逐渐粗粒化。从垂直分布看，缓坡丘陵梁地草地 0～5cm、5～20cm 土层砂粒含量显著高于 20～50cm、50～100cm 土层（$P<0.05$），而流动半流动沙丘草地、固定半固定沙地草地 0～5cm、5～20cm 土层砂粒含量则低于 20～50cm、50～100cm 土层（$P<0.05$），表明毛乌素沙地南缘沙地-草地景观界面土地沙化主要发生在土壤表层，而且整个生态过渡带空间变化动态具有双向性，其邻接的草地生态系统和沙地生态系统交互影响、交互作用。总体来看，该地区土壤组成以砂粒为主，所占比例为 88.52%～97.61%，土壤环境脆弱，极易产生风蚀。

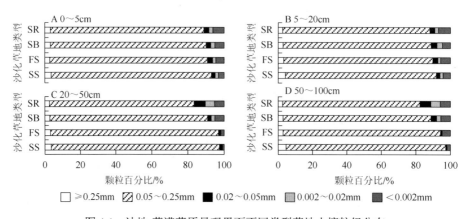

图 4-1　沙地-荒漠草原景观界面不同类型草地土壤粒级分布

SS. 流动半流动沙丘草地；FS. 固定半固定沙地草地；SB. 盐化丘间低地草地；SR. 缓坡丘陵梁地草地。下同

（3）沙地-荒漠草原景观界面土壤养分含量的变化

毛乌素沙地南缘沙地-荒漠草原景观界面不同沙化类型草地土壤养分含量见表 4-2。在 0～5cm 土层，有机碳含量、全氮含量和水解氮含量的总体变化趋势为缓坡丘陵梁地草地＞固定半固定沙地草地＞盐化丘间低地草地＞流动半流动沙丘草地（$P<0.05$），但固定半固定沙地草地和盐化丘间低地草地之间有机碳、全氮含量和水解氮含量差异均不显著（$P>0.05$）；速效磷含量和速效钾含量的变化趋势为缓坡丘陵梁地草地＞盐化丘间低地草地＞固定半固定沙地草地＞流动半流动沙丘草地（$P<0.05$），其中，缓坡丘陵梁地草地速效磷和速效钾含量显著高于其他三种类型草地（$P<0.05$）；pH 和可溶性盐含量无明显变化规律，但均表现为盐化丘间低地草地最高。在 5～20cm 土层，有机碳含量、水解氮含量、速效磷含量和速效钾含量均为缓坡丘陵梁地草地＞盐化丘间低地草地＞固定半固定沙地草地＞流动半流动沙丘草地（$P<0.05$）；全氮含量为缓坡丘陵梁地草地＞固定半固定沙地草地＞盐化丘间低地草地＞流动半流动沙丘草地（$P<0.05$）；全盐含量

无明显规律，但同样为盐化丘间低地草地最高。这说明随着沙化程度的加重，土壤细颗粒吹蚀，土地沙化，土壤养分含量也随之降低。从垂直分布看，各种养分含量基本为 0～5cm 土层高于 5～20cm 土层。

表 4-2　沙地-荒漠草原景观界面不同沙化类型草地土壤养分含量

沙化类型	土层深度/cm	有机碳/(g/kg)	全氮/(g/kg)	水解氮/(mg/kg)	速效磷/(mg/kg)	速效钾/(mg/kg)	全盐/%
SS		0.71 ± 0.13^c	0.24 ± 0.03^b	6.58 ± 1.08^c	1.81 ± 0.30^c	35.39 ± 13.75^b	0.26 ± 0.06^b
FS		2.64 ± 0.38^b	0.26 ± 0.03^b	10.61 ± 2.70^c	2.77 ± 0.29^{bc}	84.59 ± 13.63^b	0.67 ± 0.11^b
SB	0～5	2.34 ± 0.24^b	0.25 ± 0.03^b	9.72 ± 2.98^c	3.29 ± 0.36^b	85.62 ± 11.84^b	4.25 ± 1.54^a
SR		4.27 ± 0.51^a	0.49 ± 0.06^a	21.40 ± 5.97^a	4.27 ± 0.33^a	200.59 ± 27.62^a	0.59 ± 0.06^b
SS		0.61 ± 0.10^c	0.19 ± 0.02^b	6.06 ± 6.10^b	1.51 ± 0.16^c	24.19 ± 9.61^b	0.20 ± 0.03^b
FS		1.87 ± 0.27^b	0.28 ± 0.04^b	7.67 ± 1.62^b	2.29 ± 0.20^{bc}	45.49 ± 7.45^b	0.55 ± 0.05^b
SB	5～20	2.26 ± 0.21^b	0.27 ± 0.05^b	11.39 ± 3.34^b	2.66 ± 0.41^b	82.32 ± 64.27^b	4.33 ± 0.88^a
SR		3.46 ± 0.45^a	0.44 ± 0.06^a	20.02 ± 6.02^a	3.65 ± 0.33^a	192.09 ± 16.07^a	0.59 ± 0.04^b

2. 典型草原-沙地景观界面土壤理化性质的变化

（1）典型草原-沙地景观界面土壤含水量的变化

毛乌素沙地南缘典型草原-沙地景观界面各土层土壤含水量均为潜在沙化草地＞轻度沙化草地＞中度沙化草地＞严重沙化草地（$P<0.05$），表现出明显的梯度变化。从垂直分布看，各沙化类型草地土壤含水量的变化均没有明显规律。在潜在沙化草地，各土层含水量差异不显著（$P>0.05$）；轻度沙化草地和严重沙化草地，不同土层土壤含水量为 5～20cm＞20～50cm＞50～100cm＞0～5cm；中度沙化草地为 20～50cm＞5～20cm＞50～100cm＞0～5cm。总体来看，该地区土壤含水量很低，最高的潜在沙化草地 5～20cm 土层也仅为 5.87%，最低的严重沙化草地表层只有 0.32%（表 4-3）。该地区降水量低且不稳定，季节和年际变率大，作为唯一水资源，严重制约当地的生物生长。

表 4-3　典型草原-沙地景观界面不同沙化类型草地土壤含水量　（%）

沙化草地类型	土层深度/cm			
	0～5	5～20	20～50	50～100
PD	5.41 ± 0.20^a	5.87 ± 0.22^a	5.62 ± 1.14^a	5.32 ± 0.53^a
LD	1.94 ± 0.17^b	5.57 ± 0.38^a	5.48 ± 0.54^{ab}	4.72 ± 0.18^a
MD	0.87 ± 0.13^c	2.29 ± 0.38^b	3.43 ± 0.67^{bc}	2.07 ± 0.14^b
SD	0.32 ± 0.02^c	2.11 ± 0.36^b	2.07 ± 0.21^c	1.68 ± 0.23^b

（2）典型草原-沙地景观界面土壤颗粒组成的变化

毛乌素沙地南缘典型草原-沙地景观界面不同沙化类型草地土壤颗粒组成变化较大。各土层土壤砂粒含量均为潜在沙化草地＜轻度沙化草地＜中度沙化草地＜严重沙化草地（$P<0.05$），黏粒、粉粒含量呈现出与砂粒含量相反的变化趋势（图4-2）。随着沙化程度的加重，各土层土壤砂粒含量逐渐增加，而黏粒、粉粒含量逐渐降低，土壤粗粒化。在整个界面，由潜在沙化草地到严重沙化草地，砂粒、粉粒和黏粒含量呈现出明显的梯度变化。总体看，除潜在沙化草地20~50cm和50~100cm土层外，该地区土壤颗粒组成以细砂粒为主，分布范围为33.56%~90.24%。土壤颗粒组成垂直分布，在严重沙化草地黏粒、粉粒总量为0~5cm＞5~20cm＞50~100cm＞20~50cm；在中度沙化草地土壤黏粒、粉粒总量为50~100cm＞5~20cm＞20~50cm＞0~5cm，其中，0~5cm、5~20cm和20~50cm之间黏粒、粉粒总量差异不显著（$P>0.05$）；在潜在沙化草地和轻度沙化草地，砂粒含量均为自0~5cm至50~100cm降低，而黏粒、粉粒含量逐渐增加。草地沙化，土壤黏粒、粉粒被选择性吹蚀，加快了表层土壤的粗粒化进程。土壤颗粒组成的这种分布特征表明土地沙化主要发生在0~20cm表层土壤，同时也表明在整个典型草原-沙地过渡带所有地区都出现了不同程度的沙化。

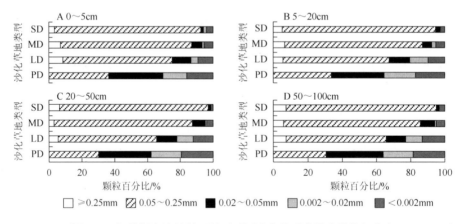

图4-2 典型草原-沙地景观界面不同沙化类型草地土壤粒级分布

（3）典型草原-沙地景观界面土壤养分含量的变化

毛乌素沙地南缘典型草原-沙地景观界面不同沙化类型草地土壤有机碳、全氮、水解氮和速效钾含量均为潜在沙化草地＞轻度沙化草地＞中度沙化草地＞严重沙化草地（$P<0.05$），表现为随沙化程度加重显著下降的趋势；速效磷含量为潜在沙化草地＞中度沙化草地＞轻度沙化草地＞严重沙化草地，但轻度沙化草地和中度沙化草地之间差异不显著（$P>0.05$）；不同沙化类型草地全盐含量无明显变化规律，且其间差异不显著（$P>0.05$）。从垂直分布看，严重沙化草地全氮含量为 5～20cm 土层略高于 0～5cm 土层，但其间差异不显著（$P>0.05$），其他类型草地全氮含量及各类型草地有机碳、水解氮、速效磷、速效钾含量均为 0～5cm 土层高于 5～20cm 土层；全盐含量的垂直分布无明显规律（表4-4）。

表4-4　典型草原-沙地景观界面不同沙化类型草地土壤养分含量

沙化草地类型	土层深度/cm	有机碳/(g/kg)	全氮/(g/kg)	水解氮/(mg/kg)	速效磷/(mg/kg)	速效钾/(mg/kg)	全盐/%
PD		8.96±0.88[a]	0.72±0.04[a]	30.13±2.92[a]	6.13±1.27[a]	273.99±5.87[a]	0.62±0.02[a]
LD		5.88±1.64[b]	0.26±0.02[b]	19.49±3.29[a]	4.99±0.35[a]	156.94±9.26[b]	1.18±0.23[a]
MD	0～5	4.76±0.64[b]	0.18±0.02[c]	14.82±2.29[bc]	5.34±0.56[a]	143.01±12.50[b]	0.76±0.07[a]
SD		1.06±0.32[c]	0.07±0.02[d]	10.52±2.23[c]	2.78±0.28[b]	107.32±10.93[b]	0.67±0.11[a]
PD		8.92±0.84[a]	0.67±0.02[a]	28.27±1.73[a]	2.86±0.52[a]	180.45±2.41[a]	0.71±0.01[a]
LD		4.84±0.98[b]	0.25±0.02[b]	17.66±0.87[b]	2.63±0.27[a]	106.58±9.35[b]	1.23±0.75[a]
MD	5～20	3.88±1.08[b]	0.14±0.03[c]	13.10±1.06[b]	2.79±0.46[a]	78.86±9.29[bc]	0.73±0.08[a]
SD		0.96±0.34[b]	0.09±0.01[c]	9.21±1.04[c]	1.52±0.10[b]	51.88±2.91[c]	0.92±0.13[a]

4.2.2　沙地-草地景观界面土壤微生物数量的变化

土壤微生物是生态系统的重要成员，在生态系统的物质循环和能量转化中占有重要地位。在沙地生态系统中，土壤微生物可以分解土壤中的有机质和植物残体；细菌可产生胞外代谢物，如多糖、脂类和蛋白质，起到胶结作用以稳定团聚体（Gupta and Germida，1988）；菌丝体将土壤细颗粒紧实地黏结，又通过微生物分泌物的黏结，促使土表的稳定性增强而避免风蚀和水蚀（Lynch and Bragg，1985），对沙丘的固定发挥着重要作用。目前，土壤微生物生物量常被作为监测沙丘固定程度和分析土壤发育动态的一项重要指标（邵玉琴和赵吉，2004）。因此，对沙地边缘土壤微生物区系动态的研究对土地沙化的监测具有重要的指示意义。

1. 沙地-荒漠草原景观界面土壤微生物数量的变化

（1）沙地-荒漠草原景观界面三大菌类的数量变化

细菌是土壤微生物中数量最多的类群，在土壤有机质的转化中起着重要作用。真菌和放线菌是参与土壤有机质分解的主要成员。真菌能够分解纤维素、木质素、果胶及蛋白质。霉菌的菌丝体在土壤中的积累可起到改良土壤团粒结构的作用。放线菌在土壤中的分布数量仅次于细菌，能比真菌更强烈地分解氨基酸等蛋白质，在生态系统的物质循环、促进土壤形成团粒结构及改良土壤中起着重要作用。

　　毛乌素沙地南缘沙地-荒漠草原景观界面不同类型草地土壤细菌、真菌、放线菌数量及微生物总量差异显著（$P<0.05$）。其中，细菌、真菌数量及微生物总量为缓坡丘陵梁地草地＞固定半固定沙地草地＞盐化丘间低地草地＞流动半流动沙丘草地；放线菌数量为缓坡丘陵梁地草地最高，流动半流动沙丘草地最低，均与盐化丘间低地草地及固定半固定沙地草地差异显著（$P<0.05$），盐化丘间低地草地和固定半固定沙地草地数量接近（$P>0.05$）。土壤中微生物数量的多少是对土壤生态条件的综合反映，成熟的土壤能维持较高的生物学活性。沙地-荒漠草原景观界面土壤微生物数量的变化，说明在流沙固定过程中土壤内部逐渐发生变化，土壤的理化性状得到改善，流沙开始朝着肥力较高的土壤方向演变。盐化丘间低地草地细菌、真菌及微生物总量较低，是因为其盐渍化土壤溶液浓度高，限制了微生物的发育，所以微生物数量较少。

　　从垂直分布看，除流动半流动沙丘草地细菌、放线菌及微生物总量为 5～20cm 土层高于 0～5cm 土层外，其他三种类型草地三大菌类数量、微生物总量及流动半流动沙丘草地真菌数量均为 0～5cm 土层高于 5～20cm 土层（图 4-3）。

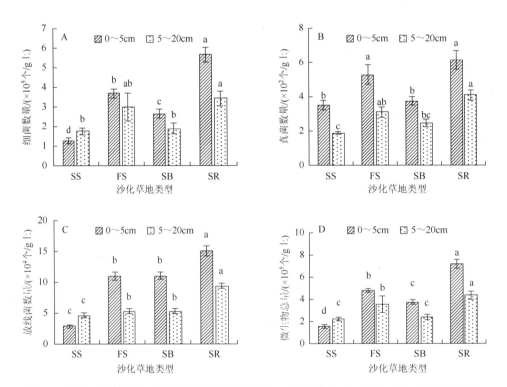

图 4-3　沙地-荒漠草原景观界面不同沙化类型草地土壤细菌（A）、真菌（B）、放线菌（C）数量及微生物总量（D）

同一土层字母不同者为差异显著（$P<0.05$），字母相同者为差异不显著（$P>0.05$）。下同

（2）沙地-荒漠草原景观界面微生物各类生理群的数量变化

微生物生理群是指具有相同或不同形态，执行同一种功能的一类微生物。其中氨化细菌、硝化细菌、反硝化细菌、固氮细菌、纤维素分解菌等在土壤物质的转化中发挥着重要的作用。

土壤中的硝态氮是植物最好的氮素养料，硝态氮主要是通过硝化细菌的活动（硝化作用）累积的。因此，土壤中硝化细菌的存在与活动对于土壤肥力以及植物营养有重要意义。生物固氮是土壤中氮素的重要来源，固氮微生物数量的多少与土壤中氮素含量相关，从而影响土壤肥力状况。纤维素是植物组织的主要组成部分，在自然界中大量存在，纤维素分解菌是分解纤维素的主要菌类，在生态系统的碳素循环中具有重要作用。

由表 4-5 可以看出，除 5～20cm 好气性固氮菌外，毛乌素沙地南缘沙地-荒漠草原景观界面不同沙化类型草地硝化细菌、纤维素分解菌及 0～5cm 好气性固氮菌数量均为缓坡丘陵梁地草地＞固定半固定沙地草地＞盐化丘间低地草地＞流动半流动沙丘草地，且不同类型草地间各类微生物生理群数量差异显著（$P<0.05$）。土壤微生物各类生理群通过对土壤碳素和氮素循环的作用而影响土壤向植物提供养分的能力。不同类型草地微生物各生理群的数量分布表明，在土地沙化过程中，土壤微生物生态环境被破坏，土壤中营养元素循环速率和能量流动减弱。

从垂直分布看，除流动半流动沙丘草地好气性固氮菌数量以 5～20cm 土层高于 0～5cm 土层外，各类微生物生理群数量在不同沙化类型草地均为 0～5cm 土层高于 5～20cm 土层。

表 4-5　沙地-荒漠草原不同沙化类型草地土壤微生物各类生理群的数量　　（单位：$\times 10^3$ 个/g 土）

沙化类型草地	硝化细菌		好气性固氮菌		纤维素分解菌	
	0～5cm	5～20cm	0～5cm	5～20cm	0～5cm	5～20cm
SS	0.17 ± 0.10^d	0.10 ± 0.13^d	1.72 ± 0.09^d	6.87 ± 0.26^c	1.38 ± 0.09^c	1.08 ± 0.07^c
FS	0.71 ± 0.04^b	0.54 ± 0.02^b	33.71 ± 2.58^b	21.59 ± 0.74^b	2.21 ± 0.11^b	1.74 ± 0.10^b
SB	0.55 ± 0.04^c	0.44 ± 0.02^c	25.68 ± 1.13^c	24.17 ± 1.61^{ab}	1.94 ± 0.06^{ab}	1.61 ± 0.49^b
SR	0.88 ± 0.05^a	0.80 ± 0.05^a	43.30 ± 1.70^a	26.37 ± 0.62^a	2.39 ± 0.14^a	2.14 ± 0.10^a

（3）沙地-荒漠草原景观界面土壤微生物总量与其他土壤因子的关系

土壤微生物总量与土壤黏粒、全氮、水解氮、速效钾含量均呈显著正相关（$P<0.05$）（图 4-4），与有机碳、速效磷含量呈极显著正相关（$P<0.01$），表明养分含量高的土壤微生物数量也高，这是土壤肥力、土壤环境与土壤微生物协同发展的结果。高有机质含量、高肥力水平的健康土壤可促进微生物的大量生长。同时，微生物数量的增加有利于土壤结构的改善以及养分的积累、转化和维持。

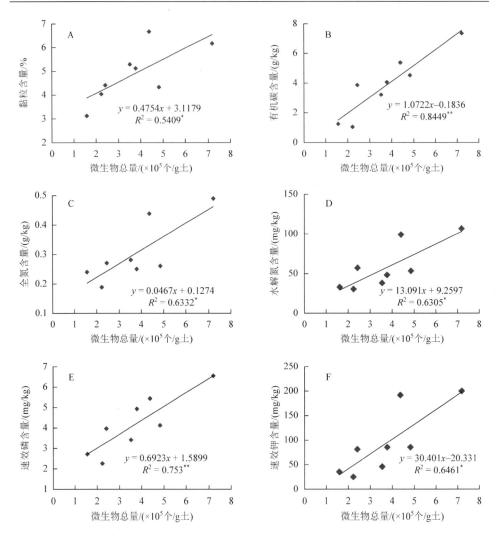

图 4-4　沙地-荒漠草原景观界面土壤微生物总量与其他土壤因子的关系

**P<0.01；*P<0.05；nsP>0.05。下同

2. 典型草原-沙地景观界面土壤微生物数量的变化

（1）典型草原-沙地景观界面三大菌类的数量变化

毛乌素沙地南缘典型草原-沙地景观界面不同沙化类型草地中细菌、真菌、放线菌数量及微生物总量均为潜在沙化草地＞轻度沙化草地＞中度沙化草地＞严重沙化草地。在 0～5cm 土层，放线菌数量在轻度沙化草地和中度沙化草地之间差异不显著（P＞0.05）。总体来看，自潜在沙化草地至严重沙化草地，随着土地沙化程度的加重，土壤微生物数量下降，说明随着沙化程度的加重，土壤朝着更

为贫瘠的方向演替。从垂直分布看，细菌、放线菌数量及微生物总量，除严重沙化草地为 5～20cm 土层高于 0～5cm 土层外，其他类型草地均为 0～5cm 土层高于 5～20cm 土层，这是由于在严重沙化草地，植被盖度极低，表层土壤非常不稳定，很容易产生风蚀，水热条件差，不利于微生物的生长和繁殖，因此微生物数量呈现出表层土壤少于下层土壤。而在其他区域，特别是在潜在沙化草地和轻度沙化草地，由于植被盖度较高，地表枯枝落叶较多，表层土壤基质相对稳定，形成有利于微生物生存的环境条件，因此，表层土壤微生物数量高于下层土壤。真菌垂直分布表现出与其他菌类不同的分布特征，在轻度沙化草地，真菌数量为 0～5cm 土层低于 5～20cm 土层，而在严重沙化草地则为 0～5cm 土层高于 5～20cm 土层（图 4-5）。

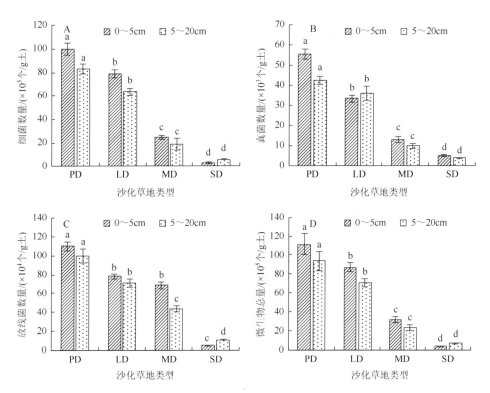

图 4-5　典型草原-沙地景观界面不同沙化类型草地土壤细菌（A）、真菌（B）、放线菌（C）数量及微生物总量（D）

（2）典型草原-沙地景观界面土壤微生物各类生理群的数量变化

毛乌素沙地南缘典型草原-沙地景观界面土壤中硝化细菌、好气性固氮菌及纤维素分解菌数量均为潜在沙化草地＞轻度沙化草地＞中度沙化草地＞严重沙化草地（$P<0.05$）。其中，自潜在沙化草地到轻度沙化草地，各微生物生理群数量

下降较慢，其间差异不显著（$P>0.05$），自轻度沙化草地至严重沙化草地，各微生物生理群数量大幅降低。从垂直分布看，中度沙化草地好气性固氮菌、纤维素分解菌数量为 $0\sim5cm$ 土层低于 $5\sim20cm$ 土层，但其间差异不显著（$P>0.05$），其他类型草地微生物各生理群数量均为 $0\sim5cm$ 土层高于 $5\sim20cm$ 土层（表 4-6）。

表 4-6　典型草原-沙地景观界面不同沙化类型草地土壤微生物
各类生理群数量　　　　（单位：$\times10^3$ 个/g 土）

沙化草地类型	硝化细菌		好气性固氮菌		纤维素分解菌	
	$0\sim5cm$	$5\sim20cm$	$0\sim5cm$	$5\sim20cm$	$0\sim5cm$	$5\sim20cm$
PD	1.03 ± 0.12^a	0.74 ± 0.08^a	47.33 ± 3.39^a	31.56 ± 2.26^a	2.37 ± 0.16^a	1.82 ± 0.13^a
LD	0.90 ± 0.05^a	0.68 ± 0.09^a	45.33 ± 2.84^a	30.22 ± 1.89^a	1.91 ± 0.24^a	1.47 ± 0.18^a
MD	0.62 ± 0.05^b	0.41 ± 0.10^b	14.33 ± 2.48^b	14.89 ± 3.39^b	0.74 ± 0.13^b	0.86 ± 0.18^b
SD	0.26 ± 0.05^c	0.24 ± 0.02^c	3.12 ± 0.24^c	2.04 ± 0.12^c	0.23 ± 0.02^c	0.17 ± 0.13^c

（3）典型草原-沙地景观界面土壤微生物总量与其他土壤因子的关系

土壤微生物通过对土壤有机质的分解转化而影响着土壤向植物提供养分的能力，土壤微生物是表明土壤发育状况和生化强度的一项主要指标。典型草原-沙地景观界面土壤微生物总量除与速效磷关系不显著（$P>0.05$）外，与土壤黏粒、有机碳、全氮、水解氮、速效钾含量均呈极显著正相关（$P<0.01$）（图 4-6）。这表明在沙化过程中，土壤微生物与其他因子呈现出相同的变化趋势。

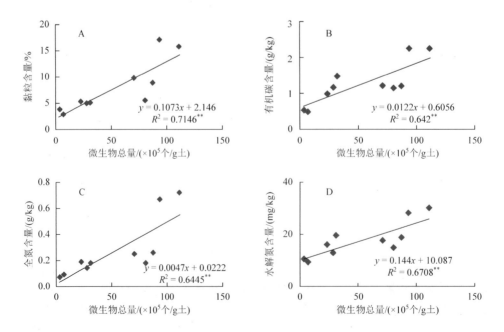

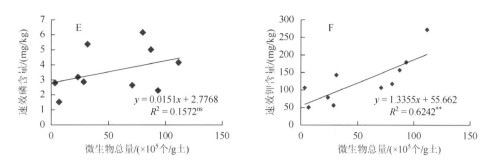

图 4-6 典型草原-沙地景观界面土壤微生物总量与其他土壤因子的关系

4.2.3 沙地-草地景观界面土壤酶活性的变化

作为土壤组分之一，以稳定蛋白质形态存在的土壤酶素有生物催化剂之称。它们参与包括土壤生物化学过程在内的自然界物质循环，既是土壤有机物转化的执行者，又是植物营养元素的活性库（Badiane et al., 2001；Acosta-Martinez et al., 2003）。土壤酶参与完成土壤中的生物化学反应，其活性反映了土壤生物化学的方向和强度。土壤酶还能够反映土壤质量在各种自然和人为作用下的微小变化，是敏感的土壤质量指标。

1. 沙地-荒漠草原景观界面土壤酶活性的变化

（1）沙地-荒漠草原景观界面土壤过氧化氢酶和脱氢酶活性的变化

过氧化氢酶和脱氢酶均属于氧化还原酶类。在土壤物质和能量的转化中，氧化还原酶类占有重要的地位，能参与土壤腐殖质组分的合成以及土壤的发生和形成过程，对氧化还原酶类进行研究，有助于了解土壤发生和土壤肥力的实质。

毛乌素沙地南缘沙地-荒漠草原景观界面不同沙化类型草地 0～5cm 土层过氧化氢酶活性为缓坡丘陵梁地草地＞固定半固定沙地草地＞盐化丘间低地草地＞流动半流动沙丘草地；其中，盐化丘间低地草地和固定半固定沙地草地之间，盐化丘间低地草地和流动半流动沙丘草地之间差异不显著（$P>0.05$）；5～20cm 土层为缓坡丘陵梁地草地＞盐化丘间低地草地＞固定半固定沙地草地＞流动半流动沙丘草地。从垂直分布看，除盐化丘间低地草地外，其他沙化类型草地过氧化氢酶活性均为 0～5cm 土层高于 5～20cm 土层。

不同沙化类型草地 0～5cm 和 5～20cm 土层脱氢酶活性均为缓坡丘陵梁地草地＞盐化丘间低地草地＞固定半固定沙地草地＞流动半流动沙丘草地，其中缓坡丘陵梁地草地和盐化丘间低地草地之间差异不显著（$P>0.05$）。从垂直分布看，不同沙化类型草地脱氢酶活性均为 0～5cm 土层高于 5～20cm 土层（图 4-7）。

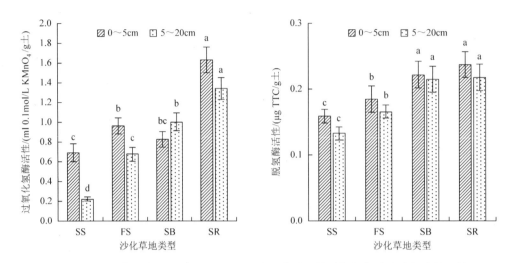

图 4-7　沙地-荒漠草原景观界面不同沙化类型草地土壤过氧化氢酶和脱氢酶的活性

（2）沙地-荒漠草原景观界面土壤转化酶和脲酶活性的变化

转化酶能使蔗糖水解为葡萄糖和果糖，对土壤的碳、氮等循环极为重要。毛乌素沙地南缘沙地-荒漠草原景观界面不同沙化类型草地土壤转化酶的变化见图 4-8。缓坡丘陵梁地草地转化酶活性显著高于其他三种沙化类型草地（$P<0.05$），在 0～5cm 土层，转化酶活性为缓坡丘陵梁地草地＞盐化丘间低地草地＞固定半固定沙地草地＞流动半流动沙丘草地，固定半固定沙地草地与流动半流动沙丘草地之间差异不显著（$P>0.05$）。在 5～20cm 土层，转化酶活性为缓坡丘陵梁地草地＞固定半固定沙地草地＞盐化丘间低地草地＞流动半流动沙丘草地，但盐化丘间低地草地、固定半固定沙地草地和流动半流动沙丘草地之间差异不显著（$P>0.05$）。从垂直分布看，流动半流动沙丘草地和固定半固定沙地草地 0～5cm 和 5～20cm 土层转化酶活性接近（$P>0.05$）；而在盐化丘间低地草地和缓坡丘陵梁地草地，0～5cm 土层转化酶活性显著高于 5～20cm 土层（$P<0.05$）。

脲酶能促进土壤有机质中蛋白质和氨基酸的水解，为植物生长提供氮源。毛乌素沙地南缘沙地-荒漠草原景观界面土壤脲酶活性为缓坡丘陵梁地草地＞盐化丘间低地草地＞固定半固定沙地草地＞流动半流动沙丘草地。其中，缓坡丘陵梁地草地和盐化丘间低地草地之间，固定半固定沙地草地和流动半流动沙丘草地之间差异不显著（$P>0.05$）。从垂直分布看，除流动半流动沙丘草地脲酶活性为 5～20cm 土层略高于 0～5cm 土层外，其他沙化类型草地均为 0～5cm 土层高于 5～20cm 土层。

（3）沙地-荒漠草原景观界面土壤碱性磷酸酶活性的变化

碱性磷酸酶能促进土壤中有机磷化合物的水解，使其析出无机磷。毛乌素沙

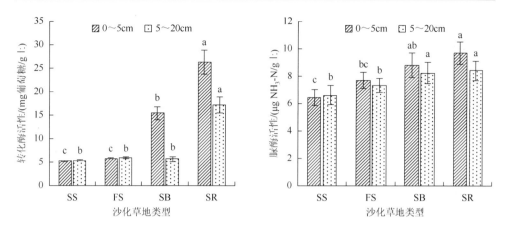

图 4-8　沙地-荒漠草原景观界面不同沙化类型草地土壤转化酶和脲酶的活性

地南缘沙地-荒漠草原景观界面碱性磷酸酶活性为缓坡丘陵梁地草地＞盐化丘间低地草地＞固定半固定沙地草地＞流动半流动沙丘草地，其中盐化丘间低地草地和固定半固定沙地草地之间差异不显著（$P>0.05$）。除流动半流动沙丘草地碱性磷酸酶活性为 5～20cm 土层略高于 0～5cm 土层（$P>0.05$）外，其他沙化类型草地均为 0～5cm 土层高于 5～20cm 土层（图 4-9）。

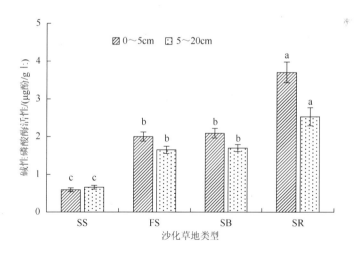

图 4-9　沙地-荒漠草原景观界面不同沙化类型草地土壤碱性磷酸酶的活性

（4）沙地-荒漠草原景观界面土壤酶活性与土壤养分含量及微生物总量的关系
　　毛乌素沙地南缘沙地-荒漠草原景观界面土壤过氧化氢酶、脱氢酶、转化酶、脲酶和碱性磷酸酶活性与土壤黏粒、有机碳、全氮、水解氮、速效磷、速效钾含量和微生物总量均呈正相关。除脱氢酶与土壤黏粒含量、微生物总量相关不显著

（$P>0.05$）外，其他均达到显著或极显著水平（$P<0.05$ 或 $P<0.01$），说明酶活性与土壤肥力及微生物活动关系密切，在沙化演变过程中土壤酶活性与微生物总量及其他肥力因素的变化一致（表4-7）。

表4-7　沙地-荒漠草原景观界面土壤酶活性与土壤养分含量及微生物总量的相关系数

土壤酶	黏粒含量	有机碳含量	全氮含量	水解氮含量	速效磷含量	速效钾含量	微生物总量
过氧化氢酶	0.708*	0.941**	0.918**	0.935**	0.928**	0.935**	0.793*
脱氢酶	0.677ns	0.873**	0.717*	0.794*	0.926**	0.819*	0.658ns
转化酶	0.776*	0.820*	0.859**	0.858**	0.907**	0.878**	0.813*
脲酶	0.762*	0.915**	0.750*	0.815*	0.957**	0.834*	0.806*
碱性磷酸酶	0.833*	0.983**	0.875**	0.894**	0.972**	0.904*	0.941**

注：ns $P>0.05$；* $P<0.05$；** $P<0.01$。下同

2. 典型草原-沙地景观界面土壤酶活性的变化

（1）典型草原-沙地景观界面土壤过氧化氢酶和脱氢酶活性的变化

典型草原-沙地景观界面不同沙化类型草地过氧化氢酶和脱氢酶活性总体表现为潜在沙化草地＞轻度沙化草地＞中度沙化草地＞严重沙化草地。其中，各沙化类型草地过氧化氢酶活性均为 0～5cm 土层高于 5～20cm 土层。脱氢酶活性在 0～5cm 土层为潜在沙化草地和轻度沙化草地之间差异不显著（$P>0.05$），5～20cm 土层为中度沙化草地和严重沙化草地之间差异不显著（$P>0.05$）；除严重沙化草地脱氢酶活性为 5～20cm 土层高于 0～5cm 土层外，其他沙化类型草地均为 0～5cm 土层高于 5～20cm 土层（图4-10）。

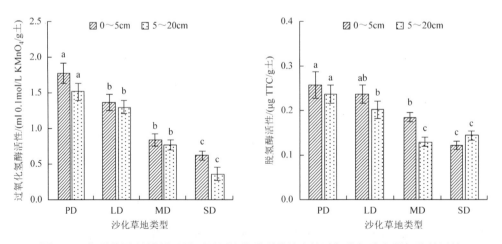

图4-10　典型草原-沙地景观界面不同沙化类型草地土壤过氧化氢酶和脱氢酶的活性

（2）典型草原-沙地景观界面土壤转化酶和脲酶活性的变化

典型草原-沙地景观界面不同沙化类型草地土壤转化酶活性总体表现为潜在沙化草地＞轻度沙化草地＞中度沙化草地＞严重沙化草地（$P<0.01$），呈现出明显的梯度变化。从垂直分布看，各类型草地土壤转化酶活性均为 0～5cm 土层高于 5～20cm 土层（$P<0.05$）。

典型草原-沙地景观界面土壤脲酶活性总体为自潜在沙化草地到严重沙化草地逐渐降低。在 5～20cm 土层，轻度沙化草地和中度沙化草地之间差异不显著（$P>0.05$）。土壤脲酶的垂直分布特征在各沙化类型草地均为 0～5cm 土层高于 5～20cm 土层，但在严重沙化草地，两土层之间差异不显著（$P>0.05$）（图 4-11）。

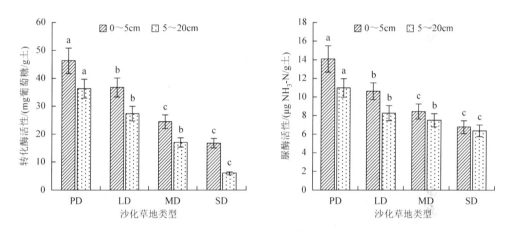

图 4-11　典型草原-沙地景观界面不同沙化类型草地土壤转化酶和脲酶的活性

（3）典型草原-沙地景观界面土壤碱性磷酸酶活性的变化

典型草原-沙地景观界面不同沙化类型草地碱性磷酸酶的变化为潜在沙化草地＞轻度沙化草地＞中度沙化草地＞严重沙化草地。其中，轻度沙化草地和中度沙化草地之间差异不显著（$P>0.05$）。在各沙化类型草地，碱性磷酸酶活性的剖面特征均为 0～5cm 土层高于 5～20cm 土层（$P<0.05$）（图 4-12）。

（4）典型草原-沙地景观界面土壤酶活性与土壤养分含量及微生物总量的关系

毛乌素沙地南缘典型草原-沙地景观界面土壤酶活性与土壤养分含量及微生物总量的关系和沙地-荒漠草原景观界面略有不同。在典型草原-沙地景观界面，各种土壤酶活性与速效磷含量相关性均不显著（$P>0.05$），与微生物总量、土壤黏粒及其他养分含量相关性均达到显著或极显著水平（$P<0.05$ 或 $P<0.01$）（表 4-8）。

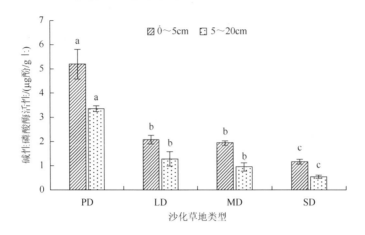

图 4-12　典型草原-沙地景观界面不同沙化类型草地土壤碱性磷酸酶的活性

表 4-8　典型草原-沙地景观界面土壤酶活性与土壤养分含量及微生物总量的相关系数

土壤酶	黏粒含量	有机碳含量	全氮含量	水解氮含量	速效磷含量	速效钾含量	微生物总量
过氧化氢酶	0.836**	0.840**	0.789**	0.810**	0.323ns	0.737*	0.927**
脱氢酶	0.778**	0.762*	0.749*	0.790**	0.476ns	0.812**	0.959**
转化酶	0.858**	0.868**	0.828**	0.887**	0.342ns	0.870**	0.897**
脲酶	0.876**	0.847**	0.906**	0.925**	0.297ns	0.965**	0.864**
碱性磷酸酶	0.869**	0.874**	0.930**	0.928**	0.202ns	0.975**	0.759*

4.3　讨　　论

4.3.1　沙地-草地景观界面土壤理化性质的变化

　　土壤作为植物生存的重要环境条件之一，会对植物群落结构和功能产生重要影响，土壤环境的差异会导致群落演替过程中物种多样性的变化（Tilman et al.，1997）；另外，土壤是生态系统中诸多生态过程（如营养物质循环、水分平衡、枯落物分解等）的参与者和载体，土壤结构和养分状况是度量生态系统生态功能恢复与维持的关键指标之一（吴彦等，2001）。作为一项基本的土壤特性，土壤颗粒组成的变化能指示土壤遭受风蚀情况，并且可作为监测土地退化和估测土地沙化的一项参数（Su et al.，2004）。在土地沙化过程中，伴随着土壤细颗粒的选择性吹蚀，土壤环境恶化、养分损失（Lobe et al.，2001；

Zalibekov，2002）。同时，土壤特性的这些变化又会对土壤风蚀和土壤退化产生很大影响（Sarah and Rodeh，2004）。众所周知，有机质含量低、结构差的土壤容易遭受风蚀（Faraggitaki，1985）。盐池县大部分草地土壤主要由细砂粒组成，结构非常松散。充足的沙源和干旱多风的气候是该地区沙漠化形成的自然因素，人口的激增和人类对物质的需求又加速了对自然资源的不合理利用。脆弱的生态环境加上一定强度的人类干扰造成盐池县大面积草地遭受风蚀沙化，土壤退化。

在毛乌素沙地南缘沙地-草地景观界面，随着沙化的加重，土壤中，特别是表层土壤中砂粒含量逐渐增加，而黏粒、粉粒含量逐渐减少，呈现出明显的梯度变化；土壤有机碳、全氮、水解氮、速效磷和速效钾也呈现下降趋势。土壤特性的这种变化动态表明沙化加速了表层土壤细颗粒的吹蚀，导致土壤粗化、养分损失。Lobe 等（2001）经研究发现，土壤有机碳和其他养分与土壤细颗粒含量相关。在沙化过程中，风蚀导致土壤表层黏粒、粉粒的损失和砂粒的累积，从而造成土壤养分，特别是土壤有机碳的损失（Li et al.，2004）。Su 等（2004）对科尔沁沙地不同程度沙化农田 0～15cm 土壤特性的研究表明，自潜在沙漠化农田到极度沙漠化农田，砂粒含量由 69%增加到 93%；有机碳和全氮含量分别下降了 65%和 69%。赵哈林等（2002）对不同土地覆盖下 4 种类型沙漠化土地的土壤特征进行研究，结果表明土地沙化导致了土壤环境的退化，严重沙漠化农田与非沙漠化农田相比，土壤有机质含量、水解氮及生长季土壤含水量分别下降了 66.2%、69.0%和 74.8%。其他的研究也都表明土地沙化造成土壤粗粒化、养分损失（刘颖如等，2004；李玉强等，2005；朱志梅等，2007）。

沙化过程是植被退化和土壤退化两种过程的统一，植被的退化降低对地表的保护作用，给风蚀提供了前提条件，而风蚀又促使土壤环境恶化，危及植物的生存和繁衍，加速了植被的退化，使系统失去了维持稳定的物质基础（Morse and Bazzaz，1994）。由于土壤退化和植被退化的研究总是密切相关的，因此，不同沙化程度和植物群落类型有一定的对应关系，不同沙化过程也必然和土壤中碳、氮含量衰减和土壤质地的变化有一定的对应关系（Demming-Adams and Adams，1992）。

4.3.2　沙地-草地景观界面土壤微生物数量的变化

土壤微生物是土壤生态亚系统的活跃成员，是土壤有机质和其他养分转化与循环的主要动力，土壤微生物学指标能敏感地反映土壤质量和健康状况的变化。在沙质荒漠生态系统中，植被盖度低，植物对土壤保护所起的作用较小。另外，沙质土壤黏粒、粉粒含量低，不能形成物理结皮和土壤团聚体。土壤微生物分泌的多聚糖可以将土壤颗粒固结在一起，并与苔藓、地衣等生物成分及土壤相互作用形成微生物结皮抵抗风蚀（刘立超等，2005；Belnap，2003）。在这些地区，主要靠生物结皮来保护和稳定地表土壤（Williams et al.，1995；Leys and Eldridge，1998）。Leys（1992）的风洞试验证明，微生物结皮中所含大比例的有机质成分有效地降低了沙丘表面的风蚀。微生物结皮的存在增加了土表的粗糙度，能够降低地表风速而减少本身风蚀。

土壤微生物是草地生态系统的重要组成部分，在草地生态系统物质转化和能量流动过程中起主导作用（姚拓等，2005）。毛乌素沙地南缘沙地-荒漠草原景观界面和典型草原-沙地景观界面微生物数量的变化总体表现为随沙化程度的加重，土壤微生物总量、三大菌数量及微生物各类生理群数量下降。草地沙化，植被减少，土壤养分含量降低，土壤微生物生态系统被破坏，限制了微生物的生长和繁殖，导致土壤微生物的数量减少，腐解能力减弱，土壤中营养元素循环速率和能量流动也减弱。除典型草原-沙地景观界面微生物总量与速效磷含量相关不显著（$P>0.05$）外，微生物总量和土壤黏粒、有机质、全氮、水解氮、速效磷、速效钾均呈显著正相关（$P<0.05$）。邵玉琴等（2004a，2004b）对皇甫川流域土壤微生物类群数量的研究表明，土壤微生物各类群数量与有机碳、全氮等有很好的相关性。微生物在土壤有机质分解和营养元素矿化中起主要作用（Brussard，1994），通过土壤有机质的分解转化影响土壤向植物提供养分的能力，因此常被作为植物所需营养元素的转化因子和资源库；同时，土壤微生物在建立和保持土壤结构方面有关键作用，如合适的通气性、腐殖质与团粒结构的形成，特别是当丝状菌真菌及放线菌黏结土壤颗粒形成团聚体时更明显，是表明土壤发育状况和生化强度的一项主要指标。

不同沙化类型草地中细菌数量均占微生物总量的70%以上，放线菌数量占微生物总量的20%左右，真菌数量则很少。以往的研究也得出了类似结果：不同风沙土中一般都为细菌数量较大，占微生物数量的50%以上，有的甚至超过90%，放线菌次之，真菌最少（顾峰雪等，2000a）。

土壤微生物的垂直分布，除沙地-荒漠草原景观界面流动半流动沙丘草地和典型草原-沙地景观界面严重沙化草地外，其他类型草地各类微生物数量及微生物总量均为0～5cm土层高于5～20cm土层。陈祝春和李定淑（1992）、顾峰雪等（2000a）的研究均表明，流动沙丘各土层的微生物分布与造林沙丘相反，以表层最少，这是由于流动沙丘表土层极不稳定，部分沙土被风吹蚀，水热条件很差，因此微生物数量呈现出下层多于表层。在其他区域，由于表层植物根系生物量高，有机质丰富（郭继勋和祝廷成，1997；姚拓等，2005），而且在表层形成一定的结皮，结皮层是特殊的生物学活动层，是微生物活动最活跃的区域，所以微生物数量表层高于下层。

4.3.3　沙地-草地景观界面土壤酶活性的变化

土壤酶来自微生物和植物根系的分泌，能综合地反映出土壤的肥力水平（Mazzarino et al.，1991），几乎参与土壤中的一切生物化学过程，包括枯落物及其残体、动物、微生物残体的水解和转化、土壤腐殖质的合成和分解，以及土壤无机、有机化合物的各种氧化还原反应等（Cacciatore and McNeil，1995；Caplan，1993）。因此，土壤酶活性是土壤生物活性较为稳定和灵敏的一个指标（Badiane et al.，2001）。

随着沙化的加重，典型草原-沙地景观界面和沙地-荒漠草原景观界面土壤过氧化氢酶、脱氢酶、转化酶、碱性磷酸酶和脲酶活性总体呈下降趋势。文海燕等（2005）对科尔沁沙地不同开垦年限的退化沙质草地土壤理化和生物学性质的研究表明，随开垦年限的增加，土壤性状发生演变，细颗粒组分含量下降，土壤全量养分含量和活性酶也下降。土壤酶主要来源于植物根系、微生物及动植物残体的分泌释放。伴随着土地沙化，退化草地植被的结构和生物量发生了变化，从而使得下垫面状况和局地微气候改变，对土壤微生物的活动和数量产生影响，且随着退化程度的加重，各土层深度土壤微生物的数量均呈下降趋势（周华坤等，2002），导致土壤酶活性发生变化，特别是到沙化顶级的流动半流动沙丘阶段，植被生长极少，不但植物所需的各营养成分含量极低，而且各肥力因子间不协调，同时受风沙活动的影响，流沙地面极不稳定，处于频繁的吹蚀和堆积状态下，造成酶活性极低（顾峰雪等，2000b）。

酶活性的剖面分布，除流动半流动沙丘草地外，典型草原-沙地景观界面和沙地-荒漠草原景观界面不同沙化类型草地各种土壤酶活性总体都表现为0～5cm土层高于5～20cm土层。以往的研究也表明土壤酶活性随土层的加深而降低（朱丽等，2002；苏永中等，2002；谈嫣蓉等，2006）。这主要是由于土壤表层积累了较多的枯枝落叶和腐殖质，有机质含量高，有充分的营养源供微生物的正常活动，加之水热条件和通气状况好，微生物生长旺盛，代谢活跃而使表层土壤酶活性增高；随土壤剖面的加深，有机质急剧下降，pH增大，土壤地下生物量也随之下降，限制了土壤生物的代谢产酶能力（Li et al.，2000），使得表层土壤酶活性高于下层。

土壤酶活性是各理化因子综合作用的结果，各种土壤酶活性具有较强的专一性，在土壤生物代谢和物质转化中受不同程度理化指标的制约，土壤理化性质发生改变，对于各种酶活性的限制因素也发生改变，因此不同酶与土壤中的各种理化指标相关程度不同，且同一种酶在不同环境条件下与理化因子的相关程度也会发生变化（朱丽等，2002）。本研究中，除沙地-荒漠草原景观界面脱氢酶活性与土壤黏粒含量、微生物总量相关性不显著，典型草原-沙地景观界面各土壤酶活性与速效磷含量相关性不显著外，各土壤酶活性与土壤有机碳、全氮、水解氮和速效钾均呈显著正相关。庞学勇等（2004）对川西亚高山针叶林人工重建过程中微生物数量、酶活性及其与土壤养分性状的关系研究表明，土壤酶活性与土壤有机碳、全氮、全磷、水解氮等养分指标呈显著相关关系。顾峰雪等（2000b）对塔克拉玛干沙漠腹地人工绿地风沙土土壤酶活性的研究表明，土壤酶活性与有机质、氮、磷、微生物数量显著相关。其他的研究也得出类似的结论（朱丽等，2002；安韶山等，2005；文海燕等，2005），表明土壤生物学指标能较好地反映土壤肥力状况。

4.4　小　　结

毛乌素沙地南缘沙地-草地景观界面自草地到沙地，土壤含水量下降；表层（0～20cm）土壤颗粒组成变化明显，砂粒含量逐渐增加，黏粒、粉粒含量逐渐减少，特别是在典型草原-沙地景观界面，严重沙化草地与潜在沙化草地相比，0～5cm 土层土壤砂粒含量增加了 56.21%；随着土壤细颗粒组分的吹蚀，有机碳、氮、磷、钾含量降低，可溶性盐含量无明显变化规律。

毛乌素沙地南缘沙地-草地景观界面土壤微生物数量与土壤黏粒、有机碳、氮、磷、钾含量呈显著正相关。自草地到沙地，土壤微生物总量、三大菌数量及硝化细菌、好气性固氮菌和纤维素分解菌的数量均逐渐下降；除沙化顶级类型草地外，0～5cm 土层各类微生物数量均高于 5～20cm 土层。

随草地沙化程度的加重，毛乌素沙地南缘沙地-草地景观界面土壤过氧化氢酶、脱氢酶、碱性磷酸酶、脲酶、转化酶活性总体降低；各类酶活性垂直变化均为 0～5cm 土层高于 5～20cm 土层；各类土壤酶活性与土壤黏粒、有机碳、全氮、水解氮、速效钾含量均呈显著正相关。

参 考 文 献

安韶山，黄懿梅，郑粉莉. 2005. 黄土丘陵区草地土壤脲酶活性特征及其与土壤性质的关系. 草地学报，13（3）：233～237

鲍士旦. 2000. 土壤农化分析. 北京：中国农业出版社

陈祝春，李定淑. 1992. 科尔沁沙地奈曼旗固沙造林沙丘土壤微生物区系的变化. 中国沙漠，12（3）：16～21

顾峰雪，文启凯，潘伯荣，等. 2000a. 塔克拉玛干沙漠腹地人工植被条件下土壤微生物的初步研究. 生物多样性，8（3）：297～303

顾峰雪，文启凯，潘伯荣，等. 2000b. 塔克拉玛干沙漠腹地人工绿地风沙土的土壤酶活性研究. 中国沙漠，20（3）：293～297

关松荫. 1986. 土壤酶及其研究法. 北京：农业出版社

郭继勋，祝廷成. 1997. 羊草草原土壤微生物的数量和生物量. 生态学报，17（1）：78～82

李玉强，赵哈林，赵学勇，等. 2005. 科尔沁沙地沙漠化过程中土壤碳氮特征分析. 水土保持学报，19（5）：

73～77

刘立超，李守中，宋耀选，等. 2005. 沙坡头人工植被区微生物结皮对地表蒸发影响的试验研究. 中国沙漠，25（3）：191～195

刘良梧，周健民，刘多森，等. 2000. 半干旱农牧交错带栗钙土的发生与演变. 土壤学报，37（2）：174～181

刘新民，关宏斌，刘永江，等. 2000. 科尔沁沙质放牧草地土壤动物多样性特征研究. 中国沙漠，20（增刊）：29～32

刘颖如，杨持，朱志梅，等. 2004. 我国北方草原沙漠化过程中土壤碳、氮变化规律研究. 应用生态学报，15（9）：1604～1606

吕桂芬. 1999. 科尔沁沙地土壤微生物区系季节动态的初步研究. 中国沙漠，19（增刊1）：107～109

潘晓玲，张宏达. 1995. 柴达木盆地植物区系分析及其形成的探讨. 新疆大学学报，12（1）：81～86

庞学勇，刘庆，刘世全，等. 2004. 川西亚高山针叶林植物群落演替对生物学特性的影响. 水土保持学报，8（3）：45～48

任天志，Grego S. 2000. 持续农业中的土壤生物指标研究. 中国农业科学，33（1）：68～75

邵玉琴，朴顺姬，敖晓兰，等. 2004a. 内蒙古皇甫川流域不同生态环境对土壤微生物类群数量的影响. 农业环境科学学报，23（3）：565～568

邵玉琴，赵吉. 2004. 不同固沙区结皮中微生物生物量和数量的比较研究. 中国沙漠，24（1）：68～71

邵玉琴，赵吉，杨劼. 2004b. 恢复草地和退化草地土壤微生物类群数量的分布特征. 中国沙漠，24（2）：223～226

苏永中，赵哈林，张铜会，等. 2002. 不同强度放牧后自然恢复的沙质草地土壤性状特征. 中国沙漠，22（4）：333～338

苏永中，赵哈林. 2004. 科尔沁沙地农田沙漠化演变中土壤颗粒分形特征. 生态学报，24（1）：71～74

孙波，张桃林，赵其国. 1999. 我国中亚热带缓丘区红粘土红壤肥力的演化Ⅰ：物理学肥力的演化. 土壤学报，36（1）：35～47

孙波，赵其国，张桃林. 1997. 土壤质量与持续环境Ⅲ：土壤质量评价的生物学指标. 土壤，（5）：225～234

谈嫣蓉，蒲小鹏，张德罡，等. 2006. 不同退化程度高寒草地土壤酶活性的研究. 草原与草坪，（3）：20～22

文海燕，赵哈林，傅华. 2005. 开垦和封育年限对退化沙质草地土壤性状的影响. 草业学报，14（1）：31～37

吴彦，刘庆，乔永康，等. 2001. 亚高山针叶林不同恢复阶段群落物种多样性变化及其对土壤理化性质的影响. 植物生态学报，25（6）：648～655

肖洪浪，赵雪，赵文智. 1998. 河北坝缘简育干润均腐土耕种过程中的退化研究. 土壤学报，35（1）：129～134

许光辉，郑洪元. 1986. 土壤微生物分析方法手册. 北京：农业出版社

姚拓，马丽萍，张德罡. 2005. 我国草地土壤微生物生态研究进展及浅评. 草业科学，22（11）：1～7

赵哈林. 1993. 科尔沁沙地两种主要群落的沙漠化演变特征研究. 中国沙漠，13（3）：47～52

赵哈林，黄学文，何宗颖. 1996. 科尔沁地区农田沙漠化演变的研究. 土壤学报，33（3）：242～248

赵哈林，赵学勇，张铜会，等. 2002. 北方农牧交错区沙化的生物过程研究. 中国沙漠，22（4）：309～315

周华坤，周立，赵新全，等. 2002. 放牧干扰对高寒草场的影响. 中国草地，24（5）：53～61

朱丽，郭继勋，鲁萍，等. 2002. 松嫩羊草草甸羊草、碱茅群落土壤酶活性比较研究. 草业学报，11（4）：28～34

朱志梅，杨持，曹明明，等. 2007. 多伦草原土壤理化性质在沙化过程中的变化. 水土保持通报，27（1）：1～5

Acosta-Martinez V, Zobeck T M, Gill T E, et al. 2003. Enzyme activities and microbial community structure in semiarid agricultural soils. Biology and Fertility of Soils，（3）：216～227

Badiane N N Y, Chotte J L, Pate E, et al. 2001. Use of soil enzyme activities to monitor soil quality in natural and improved fallows in semi-arid tropical regions. Applied Soil Ecology，18：229～238

Belnap J. 2003. Biological soil crust and wind erosion. In：Belnap J, Lange O L. Biological Soil Crust：Structure，Function，and Management. Berlin：Springer-Verlag：339～347

Brussard L. 1994. An appraisal of the dutch programme on soil ecology of arable farming systems（1985—1992）. Agriculture Ecosystem & Environment，51：1～6

Cacciatore D A，McNeil M A. 1995. Principles of soil bioremediation. Biocycle，36（10）：61～64

Caplan J A. 1993. The worldwide bioremediation industry：prospects for profit. Trends Biotechnology，（11）：320～323

Demming-Adams B，Adams W W. 1992. Photoprotection and other response of plants to high light stress. Annual Review of Plant Physiology and Plant Molecular Biology，43：599～622

Faraggitaki M A. 1985. Desertification by heavy grazing in Greece：the case of Lesvos island. Journal of Arid Environments，9：237～242

Gupta V S R，Germida J J. 1988. Distribution of microbial biomass and its activity in soil aggregate size classes as affected by cultivation. Soil Biology and Biochemistry，20：777～786

Lal R. 2000. Carbon sequestration in drylands. Annuls of Arid Zone，39（1）：1～10

Leys J F. 1992. Cover levels to control soil and nutrient loss from wind erosion on sand plain country in central N. S. W. The 7th Proceedings of the Australian Rangeland and Society Biennial Conference：84～91

Leys J F，Eldridge D J. 1998. Influence of cryptogamic crust disturbance to wind erosion on sand and loam rangeland soils. Earth Surface Processes and Landforms，23：963～974

Li S G，Harazono Y，Oikawa T，et al. 2000. Grassland desertification by grazing and the resulting micrometeorological changes in Inner Mongolia. Agricultural and Forest Meteorology，120：125～137

Li X R，Zhang Z S，Zhang J G, et al. 2004. Association between vegetation patterns and soil properties in the southeastern Tengger desert，China. Arid Land Research and Management，18：369～383

Lobe I，Amenlung W，Du Preez C C. 2001. Losses of carbon and nitrogen with prolonged arable cropping from sandy soils of the South African Highveld. European Journal of Soil Science，52（1）：93～101

Lynch J M，Bragg E. 1985. Microorganisms and soil aggregate stability. Advances in soil Science，（2）：133～171

Mazzarino M J，Oliva L，Abril A. 1991. Factors affecting nitrogen dynamics in a semiarid woodland（dry chaco，argentina）. Plant and Soil，138：85～98

Morse S R，Bazzaz F A. 1994. Elevated CO_2 and temperature alter recruitment and size hierarchies in C_3 and C_4 annuals. Ecology，75：966～975

Regina I S，Tarazona T. 2000. Nutrient return on the soil through litterfall and throughfall under beech and pines stands of Sierra de la Demanda，Spain. Arid Soil Research and Rehabilitation，14（3）：239～252

Saggar S，Yeates G W，Sheperd T G. 2001. Cultivation effects on soil biological properties，micro fauna and organic matter dynamics in eutric gleysol and gleyic luvisol soils in New Zealand. Soil and Tillage Research，58（1-2）：55～68

Sarah P，Rodeh Y. 2004. Soil structure variations under manipulations of water and vegetation. Journal of Arid Environments，58（1）：43～57

Su Y Z，Zhao H L，Zhao W Z，et al. 2004. Fractal features of soil particle size distribution and the implication for indicating desertification. Geoderma，122（1）：43～49

Tilman D，Knops J，Wedin D，et al. 1997. The influenced of functional diversity and composition on ecosystem processes. Science，277（5330）：1300～1302

Williams J D，Dobrowolski J P，West N E，et al. 1995. Microphytic crust influence on wind erosion. Transactions of the American Society of Aeronautical Engineers，38（1）：131～137

Zalibekov Z G . 2002. Changes in the soil cover as a result of desertification. Eurasian Soil Science，35（12）：1276～1281

第5章 草地沙化临界区域植被和地境的空间特征

宁夏东部风沙区地处毛乌素沙地南缘，是典型的生态过渡带。由于物质组成、外营力以及地表景观的显著差异，沙地与草地之间形成了明显的生态环境脆弱区——沙化临界区域，其形成、移动及动态变化可反映自然因素与人为活动对该区域共同作用的结果（董光荣等，1998）。造成宁夏东部风沙区沙化临界区域脆弱性的原因包括风旱同季的气候、稀疏的地表植被、结构疏松的沙质土壤等自然因素。在脆弱的自然环境条件下，人们不合理的经营活动对沙化草地生态系统的过度扰动促使沙化潜在因子被激发和活化，造成草地的沙化（Schlesinger et al.，1990；董光荣等，1998；慈龙骏，2005）。流沙扩展，首当其冲的受损地段就是沙化临界区域，由于该区域植被遭到破坏，流动、半流动沙丘向外推移。因此，沙化临界区域是防止草地沙化的前沿阵地和关键区域。

空间异质性是生态系统的一个主要属性（Pickett and Cadenasso，1995），也是产生空间格局的主要原因（Forman and Godron，1986），与生态系统的功能和过程之间有着密切的联系。草地沙化过程中，生物要素和环境要素的变化存在相互反馈的作用。伴随着土地的沙化，草地生态系统结构和功能遭到破坏，植被沙生化、土壤粗粒化，草地生态环境恶化。在草原群落生态演替过程中，土壤属性的空间异质性是植被空间分布差异的主要原因（张凤杰等，2009）。

基于前期对毛乌素沙地南缘沙地-草地景观界面植被和地境变化的研究，典型草原-沙地景观界面存在3个沙化临界区域，是生态环境的敏感脆弱区。本研究根据前期典型草原-沙地景观界面的判定结果，选取其中一个沙化临界区域为对象，在小尺度范围内，运用经典统计和地统计学相结合的方法，研究植被特征和土壤属性在沙化临界区域的变异规律，旨在了解沙化临界区域植被、土壤的空间分异特征及其影响因素，以探索草地沙化发生发展的内在机制。该研究的开展有利于摸清沙化敏感区域的植被和环境变化，进一步充实沙化的相关理论，为沙化临界区域的生态管理及草地沙化的防治提供理论参考。

5.1 研究方法

5.1.1 样地设置

选取典型草原-沙地景观界面其中的一个沙化临界区域，采用样线法采样。

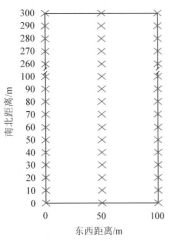

图 5-1　研究区地理位置及
　　　　样点分布图

由于研究区同时是一个群落交错带，植被由牛枝子群落（LP）、牛枝子-黑沙蒿群落界面（LP-AO），逐渐过渡到黑沙蒿群落（AO）。因此，在研究区自牛枝子群落内部开始，至黑沙蒿群落内部，设置 3 条 300m 长的平行样线，相邻两条样线之间的间隔距离为 50m，在每条样线上每隔 10m 设置样方（草本 1m×1m；灌木 10m×10m）（图 5-1），以进行植被调查和土壤样品的采集。

5.1.2　植被调查

于 7～8 月植物生长旺季，调查样方内植物群落的物种数、每种植物的高度、多度、频度、盖度和生物量，同时记录样方所在的具体位置、微地形等。

5.1.3　土壤样品采集

在调查植被的同时，于每个样方内按照梅花状取样，每个点分 0～5cm、5～10cm 和 10～15cm 采集土壤样品，将同层的 5 个样混合，带回实验室，风干、过 2mm 筛后用于土壤理化性质分析。

5.1.4　土壤样品分析项目及方法

土壤样品分析项目及方法同第 4 章。

5.1.5　数据分析

采用 Excel 2003 进行数据的录入、整理和初步分析；采用 SPSS 13.0 进行描述性统计分析、正态分布检验和相关、偏相关分析等；采用地统计学软件 GS+（version 5.1）进行土壤养分空间变异特征和空间分布格局的插值分析。

描述性统计通过平均值、标准差和变异系数（CV）等反映土壤养分的平均水平和总变异程度。一般认为，CV＜0.1 为弱变异，CV 在 0.1～1.0 时为中等变异，CV＞1.0 为强变异（Yonker et al.，1988）。正态分布检验采用一个样本科尔莫戈罗夫-斯米尔诺夫检验（one sample Kolmogorov-Smirnov test，K-S 检验），区域化变量一般要求符合正态分布才可进行地统计学分析。

空间变异特征采用半变异函数 $\gamma(h)$ 建立理论模型，半变异函数计算公式如下。

$$\gamma(h) = \frac{1}{2N(h)} \sum_{i=1}^{N} [Z(x_i) Z(x_{i+1})]^2$$

式中，$\gamma(h)$ 为半变异函数；h 为两样点间空间间隔距离；$N(h)$ 为间隔距离为 h 时的样点对的总数；$Z(x_i)$、$Z(x_{i+1})$ 分别为区域化变量 $Z(x)$ 在空间位置 x_i 和 x_{i+1} 的实测值（王政权，1999）。

半变异函数有 4 个重要的参数，分别为基台值（$C_0 + C$，C 为拱高）、块金方差（C_0）、结构方差比 $[C/(C_0 + C)]$ 和变程（A）。结构方差比小于 25%表示弱空间自相关，介于 25%和 75%表示中等程度的空间自相关，大于 75%表示强空间自相关（Cambardella et al.，1994）。

进行交叉证实检验，在此基础上，利用块段克里格（block Kriging）法进行空间局部插值估计，绘制植被、土壤指标的空间分布格局图，同时输出各自的标准差分布图，可以判断克里格插值的结果是否可靠（刘付程等，2004），标准差的值越小，说明克里格插值的结果越可靠。

5.1.6　可塑性面积单元问题数据增聚方式和划区方案

由于可塑性面积单元问题的研究需要使用连续的空间数据，因此需对采样方法进行重新设计。以研究区 3 条样线的中间一条为中心，确定一块 30m×300m 的样地，在样地内采用规则的网格调查植被盖度，网格大小为 10m×10m，整个样地共划分为 90 个网格（图 5-2，图 5-3）。尺度效应从两个方面进行分析（何志斌等，2004；朱锦懋和姜志林，1999）：一个是保持样地面积不变，样地面积从小到大进行扩增；另一个是保持样地面积不变，样地面积从小到大进行增聚。划区效应是将样地聚合成不同方向和形状的样地，分析半变异函数各参数随不同划区方案的变化。

第一，保持样地面积 10m×10m 不变，将样地面积按以下方式从小到大进行增聚：10m×10m、10m×20m、10m×30m、10m×40m、10m×50m……10m×290m、10m×300m、20m×160m、20m×170m、20m×180m……20m×290m、20m×300m、30m×210m、30m×220m、30m×230m……30m×290m、30m×300m，一共有 55 种增聚方式，本书选取如下 9 个具有代表性的增聚方式进行分析，包括 10m×60m、10m×100m、10m×200m、10m×300m、20m×200m、20m×250m、20m×300m、30m×250m 和 30m×300m（图 5-2），对增聚后的样地面积计算植被盖度的半变异函数，分析半变异函数各个参数随样地面积增聚的变化，并确定研究所需的最小样地面积。

第二，保持样地面积为 30m×300m 不变，将样地面积从小到大进行扩增，扩增方式如下：10m×10m、10m×20m、10m×30m、10m×50m、10m×60m、10m×100m、10m×300m、30m×30m、30m×50m 和 30m×60m，本书选用其中的 8 种扩增方式进行尺度效应分析，分别是 10m×10m、10m×20m、10m×30m、10m×50m、10m×60m、10m×100m、30m×30m、30m×50m（图 5-3），将每个扩增后的样方作为新的样方，对整个样地重新进行地统计学分析，分析半变异函数各个参数随样地面积扩增的变化，确定合理的样地面积。

划区效应是分析样地形状和方向的变化对其空间变异的影响。本书将样地聚合成 10m×300m、20m×150m 和 30m×100m 三种不同的形状和方向（图 5-4），分别进行地统计学分析，比较半变异函数各个参数的变化情况，确定划区效应的大小。

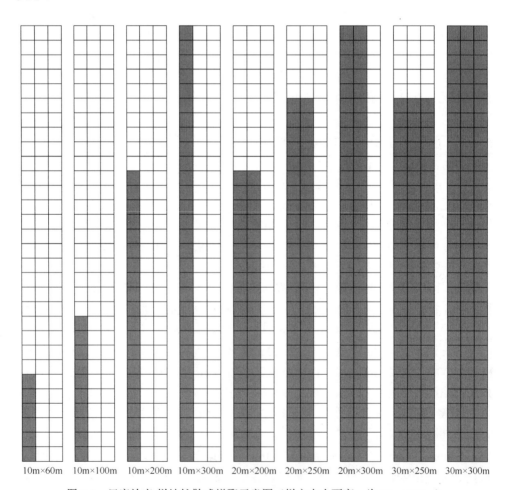

图 5-2　尺度效应-样地扩散式增聚示意图（样方大小不变，为 10m×10m）

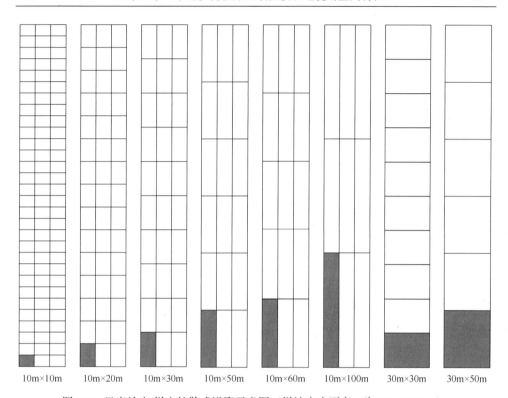

图 5-3　尺度效应-样方扩散式增聚示意图（样地大小不变，为 30m×300m）

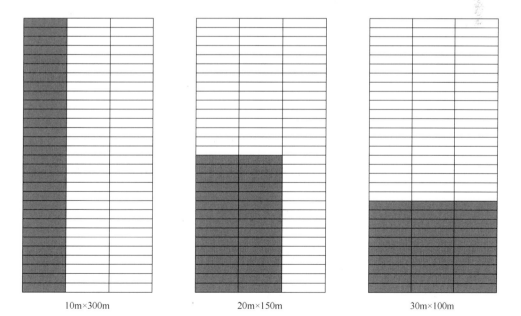

图 5-4　划区方案示意图

5.2 结　　果

5.2.1 毛乌素沙地南缘沙化临界区域土壤水分含量和植被的空间特征

1. 描述性统计分析与正态分布检验

研究区土壤水分含量为 0.287%～22.498%，随土层深度逐渐增加（表 5-1），其中 5～10cm 和 10～15cm 两个土层的平均值与中数比较接近，表明这两层土壤水分数据具有较好的中心趋向分布；而 0～5cm 土层水分含量的平均值与中数相差较大，说明该土层水分的中心趋向分布被异常值所影响，导致其呈现非正态分布。K-S 检验显示，5～10cm 和 10～15cm 土层土壤水分含量以及植物群落物种数的显著性值 sig.均大于 0.05，表明其数据均符合正态分布，而 0～5cm 土层土壤水分含量的显著性值 sig.为 0.003，小于 0.05，数据为非正态分布（卢文岱，2003）。

偏度和峰度是衡量数据偏离标准正态分布的两个指标，数据为标准正态分布时，这两者都为 0；当偏度大于 0 时，数据左偏，其分布具有一个长的右尾，小于 0 时，数据右偏，数据分布具有一个长的左尾（卢文岱，2003）。研究区土壤 3 个土层的水分含量数据偏度都大于 0，均向左偏离标准正态分布，带有较长的右尾（图 5-5）；而植物群落物种数的偏度小于 0，向右偏离标准正态分布，带有较长的左尾。峰度是度量数据上下偏离标准正态分布的指标，大于 0 时数据分布的峰高于标准正态分布，小于 0 时峰低于标准正态分布。研究区 5～10cm、10～15cm 土层土壤水分含量和植物群落物种数的峰度均为负值，数据分布的峰都低于标准正态分布；而 0～5cm 土层土壤水分含量的峰度为正数，数据分布的峰高于标准正态分布。

变异系数表示数据的总体变异程度，是个无量纲数，一般认为，变异系数＜0.1、0.1～1.0 和＞1.0 分别表示弱变异、中等变异和强变异（Yonker et al.，1988）。研究区 3 个土层土壤水分含量以及植物群落物种数都呈现中等程度的变异，且变异系数随土层的加深有减小的趋势，表明土壤水分含量随土壤深度的增加趋于均一。

表 5-1 毛乌素沙地南缘沙化临界区域土壤水分及植被特征描述性统计和 K-S 检验

项目	土层深度/cm	平均值	中数	最大值	最小值	标准差	变异系数	偏度	峰度	K-S 值
土壤水分含量（SM）/%	0～5	2.787	1.827	9.456	0.329	2.481	0.890	1.101	0.085	0.003
	5～10	5.924	5.440	15.477	0.287	3.768	0.636	0.601	−0.517	0.259
	10～15	8.318	7.689	22.498	0.355	4.996	0.601	0.484	−0.425	0.584
植物群落物种数		9	9	14	3	3.004	0.332	−0.176	−1.00	0.123

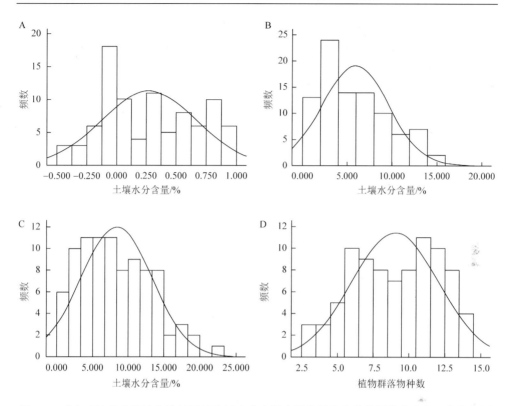

图 5-5　毛乌素沙地南缘沙化临界区域土壤水分含量和植物群落物种数频数分布和正态曲线图

A. 0～5cm 土层土壤水分；B. 5～10cm 土层土壤水分；C. 10～15cm 土层土壤水分；D. 植物群落物种数

2. 土壤水分含量与植物群落物种数的空间变异特征

地统计学分析要求数据符合正态分布，否则会存在比例效应（司建华等，2009），导致半变异函数波动大，估计误差增大（王军等，2002）。0～5cm 土层土壤水分含量经 K-S 检验不符合正态分布，因此需要对其进行对数转换。经对数转换后，其 K-S 检验的显著性值 sig. 为 0.294，大于 0.05，符合正态分布，可以用此数据与其他数据一起进行地统计学分析。

0～5cm 和 5～10cm 土层土壤水分含量符合指数模型，10～15cm 土层土壤水分含量和植物群落物种数符合球状模型（图 5-6）。三个土层土壤水分的决定系数 r^2 分别为 0.876、0.754 和 0.666，植物群落物种数的决定系数为 0.969（表 5-2），4 个模型的决定系数都较大，说明都能较好地反映实际情况。

从表 5-2 还可以看出，研究区土壤水分含量的块金方差和基台值都随着土壤深度的增加呈现递增的趋势；0～5cm 土层土壤水分含量和植物群落物种数的结构

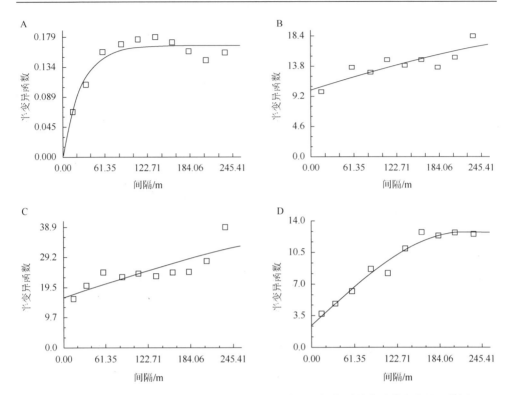

图 5-6　毛乌素沙地南缘沙化临界区域土壤水分含量和植物群落物种数半变异函数图

A. 0～5cm 土层土壤水分；B. 5～10cm 土层土壤水分；C. 10～15cm 土层土壤水分；D. 植物群落物种数

方差比较大，分别为 0.999 和 0.813，表现为强的空间自相关性，具有明显的结构特征，而 5～10cm 和 10～15cm 土层土壤水分含量的结构方差比分别为 0.632 和 0.598，均为中等程度的空间自相关性；研究区 0～5cm 土层土壤水分的变程最小，为 27.5m，植物群落物种数的变程次之，为 216.9m，而 5～10cm 和 10～15cm 土层土壤水分的变程较大，分别为 500.5m 和 510.9m。

表 5-2　毛乌素沙地南缘沙化临界区域土壤水分含量和植物群落物种数半变异函数理论模型及相关参数

项目	土层深度/cm	模型	块金方差	基台值（sill）	变程/m	结构方差比	决定系数
土壤水分含量（SM）/%	0～5	指数	0.0001	0.1662	27.5000	0.999	0.876
	5～10	指数	10.1600	27.6300	500.5000	0.632	0.754
	10～15	球状	16.3000	40.5000	510.9000	0.598	0.666
植物群落物种数		球状	2.3800	12.7500	216.9000	0.813	0.969

3. 土壤水分与植物群落物种数的空间分布格局

对上述半变异函数拟合的模型进行交叉证实检验，所得回归系数（regression coefficient）分别为 0.809、0.911、1.086 和 0.956，都接近于 1，说明上述拟合模型都较好，估计值与真实值较接近。

从图 5-7 可以看出，研究区土壤水分含量和植物群落物种数表现出明显的空间规律性。沿样线方向，各土层土壤水分含量均呈现先升高后降低的趋势，其中 0～5cm 土层土壤水分含量变化较为剧烈，表现为在样地南端最低，后升至最大，之后又开始降低，中间有明显的升降变化；而 5～10cm 和 10～15cm 土层土壤水分含量的变化相对缓和，表现为渐变特征；相对于土壤水分含量，植物群落物种数具有更加明显的空间规律性，也表现为先升高后降低的趋势，且出现突变的过程。在东西方向，各层土壤水分含量都表现为东端高西端低的趋势，且 0～5cm 土层土壤水分含量尤为明显。

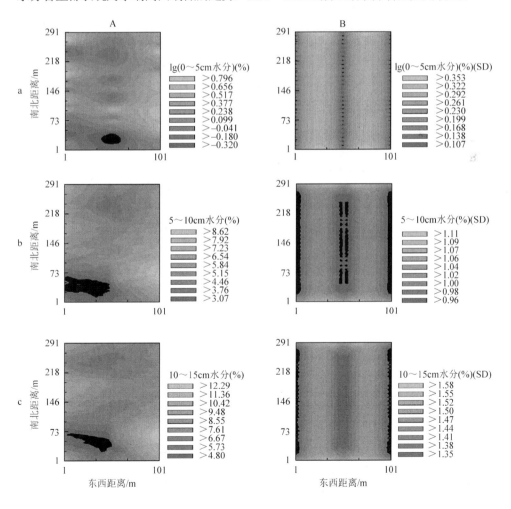

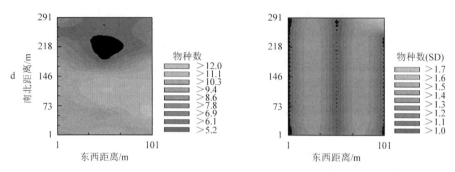

图 5-7　毛乌素沙地南缘沙化临界区域不同土层土壤水分含量与植物群落物种数及其标准差的分布格局

A. 土壤水分含量和植物群落物种数分布格局；B. 土壤水分含量和植物群落物种数标准差分布格局；a. 0～5cm 土层土壤水分含量；b. 5～10cm 土层土壤水分含量；c. 10～15cm 土层土壤水分含量；d. 植物群落物种数。下同

　　土壤水分含量和植物群落物种数的标准差都较小，且表现为与 3 条样线重叠的区域标准差最小，样线之间的标准差逐渐增大，到最中间达到最大的趋势。标准差的值较小，表明克里格插值结果可靠，估计结果能客观地反映土壤水分和植物群落物种数的实际情况。另外，土壤水分的标准差还表现为南北两端明显低于中间的趋势，这在 5～10cm 和 10～15cm 土层表现尤为明显，这也是受采样点的限制，由于南北两端是采样的起点和终点，其外围没有采样点，因此估计标准差相对较大。

4. 土壤水热与植被特征的相互关系

　　表 5-3 显示的是植物群落物种数与各层土壤水分含量及地下 5cm 处土壤温度之间的相关性，可以看出，植物群落物种数与各层土壤水分含量均呈正相关，但仅与 0～5cm 土层土壤水分含量相关性显著，与 10～15cm 土层土壤水分含量不相关的概率为 0.052，相关性的显著性水平接近 0.05；与地下 5cm 处的土壤温度呈负相关，其不相关的概率为 0.054，相关性的显著性水平接近 0.05。另外，各层土壤水分含量与地下 5cm 处的土壤温度均呈负相关，但没有达到显著水平；各层土壤水分含量之间呈极显著正相关。

表 5-3　毛乌素沙地南缘沙化临界区域土壤水热特征与植被特征的 Spearman's 秩相关系数
（双尾 t 检验概率）

指标	土层深度/cm	土壤水分含量/%		植物群落物种数	地下 5cm 处土壤温度/℃
		5～10cm	10～15cm		
土壤水分含量/%	0～5	0.825（0.000）**	0.613（0.000）**	0.264（0.014）*	−0.600（0.285）
	5～10		0.765（0.000）**	0.179（0.099）	−0.500（0.391）
	10～15			0.210（0.052）	−0.600（0.285）
植物群落物种数					−0.872（0.054）

　　注：*$P<0.05$；**$P<0.01$

由于各层土壤水分含量之间都呈极显著的正相关，它们之间相互影响，在求一个层次土壤水分含量与植物群落物种数的相关关系时，往往由于其他两个层次土壤水分的作用，相关系数不能真正反映所求的两个变量间的线性程度（卢文岱，2003），因此需要分别对植物群落物种数和三个层次的土壤水分含量求偏相关，即依次控制两个层次的土壤水分含量，对植物群落物种数和另一个层次的土壤水分含量求相关系数。

从表 5-4 可以看出，植物群落物种数与 0～5cm 和 10～15cm 土层土壤水分含量呈正相关，与 5～10cm 土层土壤水分含量呈负相关，其中与 0～5cm 土层土壤水分含量的相关性达到极显著，与 5～10cm 和 10～15cm 土层土壤水分含量相关性不显著。

表 5-4 毛乌素沙地南缘沙化临界区域土壤水分含量与植物群落物种数的偏相关分析综合结果

指标		土壤水分含量/%		
		0～5cm	5～10cm	10～15cm
植物群落物种数	相关系数	0.336（0.002）**	−0.194（0.077）	0.195（0.075）
	自由度	82	82	82
	概率	0.002	0.077	0.075

注：**$P < 0.01$

5.2.2 毛乌素沙地南缘沙化临界区域土壤养分含量及其空间特征

1. 描述性统计分析及正态分布检验

研究区土壤全氮、速效钾和速效磷含量的变异系数为 0.363～0.454，都属于中等程度变异，其中土壤全氮含量的变异系数最小，为 0.363，而土壤速效钾含量的变异系数最大，为 0.454。另外，3 种土壤养分含量各自的平均值与中数都比较接近，表明它们都呈现较好的中心趋向分布。K-S 检验结果显示，3 种土壤养分含量的显著性值 sig.均大于 0.05，数据都符合正态分布。可直接进行地统计学分析。土壤全氮、速效钾和速效磷含量的偏度都大于 0，数据分布都向左偏，都带有一个较长的右尾；其峰度均大于 0，表明三者的数据分布都比标准正态分布的峰高（表 5-5，图 5-8）。

表 5-5 毛乌素沙地南缘沙化临界区域土壤养分描述性统计分析及 K-S 检验

分析项目	平均值	中数	最大值	最小值	变异系数	标准差	偏度	峰度	K-S 检验值
全氮含量/(g/kg)	0.162	0.155	0.314	0.017	0.363	0.059	0.319	0.078	0.556

分析项目	平均值	中数	最大值	最小值	变异系数	标准差	偏度	峰度	K-S 检验值
速效钾含量/(mg/kg)	92.630	91.209	209.920	8.420	0.454	42.063	0.513	0.131	0.549
速效磷含量/(mg/kg)	4.214	3.887	9.558	0.829	0.402	1.693	1.052	1.731	0.057

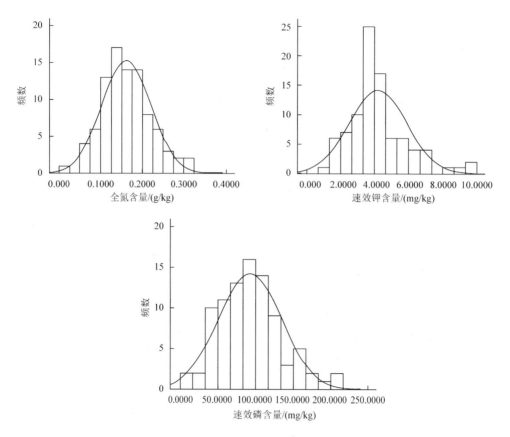

图 5-8　毛乌素沙地南缘沙化临界区域土壤养分频数分布和正态曲线图

2. 土壤养分含量的空间异质性

在研究区内，土壤速效钾含量的半变异函数拟合为球状模型，决定系数 r^2 为0.943，模型配合的理论曲线精度较高，结构方差比为 0.882，表明土壤速效钾含量具有强空间自相关性；土壤全氮含量和速效磷含量的半变异函数均拟合为指数模型，决定系数 r^2 分别为 0.552 和 0.944，虽然全氮含量的决定系数较速效钾含量和速效磷含量低，但还是可以接受的。土壤全氮含量和速效磷含量的结构方差比分别为 0.501 和 0.514，均属于中等程度的空间自相关性。研究区速效磷含量的变程最小，为 143m，全氮含量和速效钾含量的变程均为 510.9m，是速效磷含量变程的 3 倍以上（表 5-6，图 5-9）。

表 5-6　毛乌素沙地南缘沙化临界区域土壤养分含量半变异函数理论模型及相关参数

土壤养分含量	模型	块金方差	基台值	变程/m	结构方差比	决定系数
全氮	指数	0.002 88	0.005 77	510.900	0.501	0.552
速效钾	球状	0.012 3	0.104 5	510.900	0.882	0.943
速效磷	指数	1.784	3.671	143.000	0.514	0.944

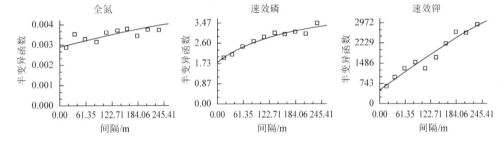

图 5-9　毛乌素沙地南缘沙化临界区域土壤养分含量半变异函数图

3. 土壤养分含量的空间分布格局

研究区土壤全氮含量、速效钾含量和速效磷含量交叉证实检验的回归系数分别为 0.395、1.075 和 0.961，除全氮含量外，速效钾含量和速效磷含量的回归系数都趋近于 1，表明估计值与真实值较接近。

由图 5-10 可以看出，全氮含量以牛枝子群落较高，沿牛枝子-黑沙蒿群落交错带逐渐降低，黑沙蒿群落含量最低；速效钾含量和速效磷含量均表现为牛枝子群落和黑沙蒿群落较高而牛枝子-黑沙蒿群落界面较低。全氮含量和速效磷含量同时表现出西高东低的趋势，尤其速效磷含量较为明显，而速效钾含量则呈东西对称的分布格局。土壤全氮含量、速效钾含量和速效磷含量的变化均表现为渐变的过程，是一种过渡类型。

全氮含量、速效钾含量和速效磷含量总体标准差都较小，表明克里格插值比较可靠；全氮含量的标准差呈现出南北两端较大而中间较小的规律性，而速效钾含量和速效磷含量的标准差则表现为东西边界较小，向中间逐渐增大，然后又逐渐减小的格局。

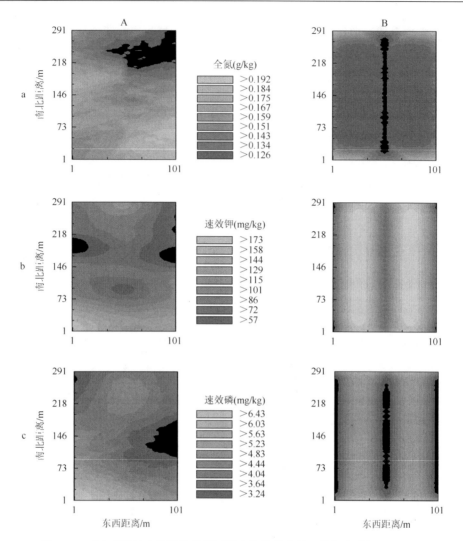

图 5-10　毛乌素沙地南缘沙化临界区域土壤养分含量及其标准差的分布格局

A. 土壤养分含量分布格局；B. 土壤养分含量标准差分布格局；a. 土壤全氮含量；b. 土壤速效钾含量；
c. 土壤速效磷含量

5.2.3　毛乌素沙地南缘沙化临界区域植被空间变异的可塑性面积单元

1. 植被空间变异的尺度效应

（1）样地面积对植被空间变异的影响

图 5-11 是根据数据增聚方式计算的植被盖度的半变异函数各个参数随样地面积的变化情况。可以看出，当样地面积从 10m×60m 到 30m×300m 扩增的过

程中，块金方差、基台值、变程和结构方差比 4 个参数都呈现一定的波动性，但在样地面积达到 30m×250m 后，4 个参数都趋于稳定。上述结果表明，植被特征的空间格局受样地尺度变化的影响，样地面积太小，则不能反映植被空间变异的真实情况，在毛乌素沙地南缘沙化临界区域，所需的样地最小面积为 30m×250m。

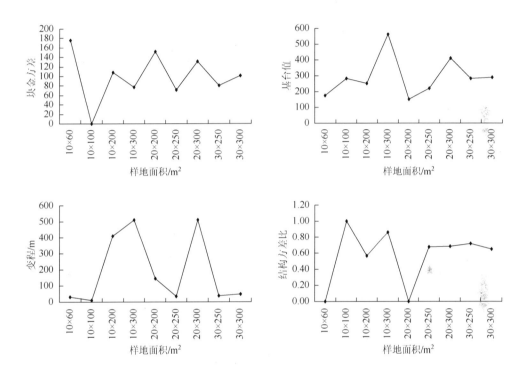

图5-11　毛乌素沙地南缘沙化临界区域植被盖度半变异函数的相关参数随样地面积的变化趋势

（2）样地面积对植被空间变化的影响

植被特征的空间变异随样方尺度的变化更为敏感，样地面积从 10m×10m 扩增到 30m×50m，块金方差、基台值和变程都呈现一定的波动，而结构方差比较为稳定。总体上块金方差和基台值都呈下降的趋势，变程波动性则较大，无明显的变化规律。块金方差和基台值呈下降趋势主要是由于在样地面积扩增的过程中，作为同质的样地面积增大，样方间的属性趋于同质（何志斌等，2004），因此由随机因素引起的空间变异的作用减小，而由结构性因素引起的变异在此过程中比较稳定，从而导致空间总变异的程度减小。块金方差在样地面积达到 10m×50m 后出现纯块金效应，不能反映植被空间变异的真实情况，应该避免，因此，样地面积太大不可取。综合考虑块金方差、基台值、变程和结构方差比的变化过程，在毛乌素沙地南缘沙化临界区域，调查植被盖度合理的样地面积应该为 10m×10m 到 10m×30m（图 5-12）。

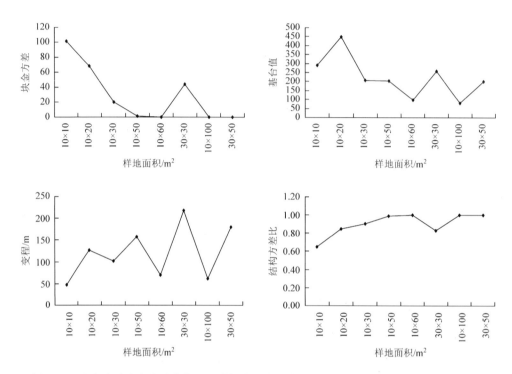

图 5-12　毛乌素沙地南缘沙化临界区域植被盖度半变异函数的相关参数随样地面积的变化

2. 植被空间变异的划区效应

从表 5-7 可以看出，毛乌素沙地南缘沙化临界区域植被盖度空间变异受划区方式的影响显著，块金方差、基台值、结构方差比和变程都因划区方案的不同产生较大的差异，其中变程的变异系数为 1.19，属于强变异性，而块金方差、基台值和结构方差比的变异系数分别为 0.77、0.47、0.87，均属于中等变异性，因此，植被盖度空间自相关的尺度大小受划区效应的影响最大。随着划区方案的变化，由结构性因素引起的变异作用可能为 0，植被空间自相关性完全消失，出现纯块金效应，无法反映植被空间变异的大小。

表 5-7　毛乌素沙地南缘沙化临界区域不同划区方案下的植被盖度半变异函数的相关参数

划区方案	模型	块金方差	基台值	结构方差比	变程/m
10m×300m	球状	77.00	561.60	0.86	510.90

划区方案	模型	块金方差	基台值	结构方差比	变程/m
20m×150m	线性	206.58	206.58	0.00	94.81
30m×100m	球状	47.00	372.40	0.87	42.90
变异系数	—	0.77	0.47	0.87	1.19

5.3　讨　　论

5.3.1　毛乌素沙地南缘沙化临界区域土壤养分含量的空间特征

1. 毛乌素沙地南缘沙化临界区域土壤养分含量的空间变异

研究空间变化有利于认识各种生态学过程的控制作用（Lisandro，2003；Kashian et al.，2005）。土壤养分的空间分布格局与生态学过程之间存在密切的联系，通常生态学过程包括干扰传播、水文及小气候动态、景观演替等生物和非生物过程，它们共同导致了土壤养分的空间异质性，其中生物过程包括生物的吸收利用与植被的土壤养分效应，非生物过程包括雨水的冲刷、淋溶等。格局与过程之间的关系可以表述为过程产生格局，格局反作用于过程（陈文波等，2002）。

半变异函数是研究土壤空间异质性格局与过程的有力工具。王军等（2002）指出，半变异函数能把土壤养分异质性和生态学过程有效地联系起来。土壤特性的空间变异包括系统变异和随机变异，其中系统变异由结构性因素引起，而随机变异由随机性因素引起。结构性因素包括地形、气候、土壤类型、地下水位和成土母质等非人为因素，随机性因素包括人为干扰、试验误差以及小于取样尺度上空间变量的自相关结构等因素（Yonker et al.，1988；陈文波等，2002）。

研究区土壤速效钾含量表现为强空间自相关性，表明结构性因素在其空间总变异中发挥主导作用，在空间分布上具有明显的结构特征；土壤全氮含量和速效磷含量表现为中等程度的空间自相关性，表明结构性因素和随机性因素在全氮含量和速效磷含量的空间分布中共同发挥作用。土壤养分含量空间自相关程度的差异表明，决定速效钾含量与全氮含量和速效磷含量的空间过程不同：钾易于从植物的机体组织中淋溶，而速效磷含量则取决于有机态磷的矿化和植物及微生物吸收之间的平衡，全氮的含量主要受生物循环过程的影响（Gallardo，2003）。

2. 毛乌素沙地南缘沙化临界区域土壤养分含量的分布格局

土壤养分的上述分布格局与研究区的群落界面有关。该区域也是一个群落过渡带，从南到北表现为牛枝子群落向黑沙蒿群落的过渡地带，具有界面特征。游动分割窗峰值图在研究区第 22 个样方附近出现波峰，即界面的位置，该位置是牛枝子＋蒙古冰草＋杂类草群落向黑沙蒿群落过渡的转折点（时项锋等，2010）。在本研究中速效钾含量和速效磷含量表现为先降低后升高的趋势，与上述界面过程基本重叠，即在靠近界面的位置速效钾含量和速效磷含量逐渐降低，而在进入相邻两侧群落的过程中其含量逐渐升高，这种变化趋势与群落界面过程密切相关。

　　土壤全氮含量的空间分布格局与研究区植被的变化有关。牛枝子群落，以牛枝子、蒙古冰草、长芒草等多年生草本植物为主；牛枝子-黑沙蒿群落界面，以牛枝子、黑沙蒿、长芒草、猪毛蒿等植物为主；黑沙蒿群落，物种组成以黑沙蒿为主，伴生一定量的一年生草本植物，植被组成简单。综上，土壤养分的空间分布格局与界面过程密切相关，而格局与过程是相互影响的，土壤养分的空间格局必将反作用于界面过程，促进或抑制植物的演替，加强或削弱沙化过程。

　　除了植被和群落界面的影响，土壤养分的上述空间特征还可能和下列因素有关：①土壤类型，研究区主要土壤类型为淡灰钙土，其次是风沙土和第三纪红岩母质经侵蚀后形成的红砂质土，风沙土和红砂质土在第 20 个样方附近开始出现，而不同的土壤类型会使土壤养分产生巨大的差异；②微地形差异，研究区地形属于缓坡丘陵，从牛枝子群落到黑沙蒿群落，地势呈现一定的起伏，而地形特征与土壤水分和养分的运移密切相关（赵莉敏等，2008）；③枯落物种类差别，研究区植被沿群落交错带方向演替，植被组成的不同导致枯落物的差异，进而使土壤养分发生变化；④土壤动物的活动（王庆成和程云环，2004），从牛枝子群落到黑沙蒿群落，土壤动物类群数和个体数都逐渐减少，土壤动物的变化导致其活动的强度和作用发生差异，也对土壤养分的差异产生影响；⑤人为干扰，虽然研究区处于围栏封育区内，但封育禁牧年限不长，而土壤改良是一个长期的过程（连纲等，2008），家畜对植物的选择性采食会在一定程度上影响土壤养分的空间变异。

　　另外，土壤养分的上述空间分布还可能和"沃岛"效应有关。Li 等（2008）对两种沙漠化草地群落土壤养分空间异质性进行研究，认为风力使得那些植被覆盖降低的草地上与草本生长相关的"沃岛"消失，而与灌木生长相关的"沃岛"得到加强，而且，由风蚀作用引起的土壤养分空间格局的变化能够持续并且加强与灌木生长相关的"沃岛"效应，这种作用导致了干旱草地沙漠化的进一步发展；Dick 和 Gilliam（2007）在研究土壤和草本植物群落的空间异质性时指出，特定物种的生长习性产生的密集斑块形成了相应的"沃岛"，使得土壤养分在此得到聚集；Schlesinger 等（1996）对沙漠生态系统的研究得出相似的结论，即灌丛下形成了高浓度的肥料斑块。

　　在多风地区，"沃岛"效应还可能与大风的作用结合，共同促进沙漠化发展。董雯和赵景波（2006）对毛乌素沙地的形成与治理进行研究后认为，较强的风力条件是毛乌素沙地形成的重要因素，和腾格里沙漠、塔克拉玛干沙漠、科尔沁沙地等其他沙漠相比，毛乌素沙地年 8 级以上大风日数最多，多年平均风速也较高。这种作用与本书研究区植被的分布一致，随着风的吹蚀作用，灌木的"沃岛"形成和加强，从而使得黑沙蒿灌木重要值增加，而草本植物不断减少，最终导致该地区的沙漠化进程不断向前推进。

5.3.2　毛乌素沙地南缘沙化临界区域土壤水分含量与植被空间特征

1. 土壤水分含量与植物群落物种数空间变异特征

虽然块金方差和基台值对不同变量不一定有效，但可以用于相同类型变量之间的比较。研究区土壤水分含量的块金方差和基台值随土壤层次的变化规律表明，总的空间变异和由随机性因素引起的变异都随着土壤层次的增加而递增，结构方差比在不同土壤层次之间的变化也呈现出相同的规律，表明结构性因素在空间变异中发挥的作用也随着土层深度的增加逐渐减弱。0~5cm 土层土壤水分含量和植物群落物种数表现为强空间自相关性，结构性因素在空间变异中发挥主导作用；而 5~10cm 和 10~15cm 土层土壤水分含量表现为中等程度的空间自相关性，随机性因素和结构性因素在空间变异中共同发挥作用。变程是半变异函数达到最大值时的空间距离，在此距离之内，空间自相关存在，在此距离之外，空间自相关消失（马风云等，2006）。研究区 0~5cm 土层土壤水分含量的变程仅为 27.5m，表明影响 0~5cm 土层土壤水分含量的生态学过程在小尺度上发挥作用；植物群落物种数的生态学过程在中等尺度上发挥作用，其变程为 216.9m；影响 5~10cm 和 10~15cm 土层土壤水分含量的生态学过程在更大的尺度上发挥作用，其变程分别为 500.5m 和 510.9m。

变程、基台值和结构方差比在不同土壤深度的变化规律与高寒草原土壤水分的研究结果（杨兆平等，2010）恰好相反，表明沙化临界区域土壤水分含量的空间变异有其特殊的规律性，其空间自相关的距离随土层深度的增加而增加，空间总体变异随土层深度递增，自相关部分的空间异质性随土层深度递减。

2. 土壤水分含量与植物群落物种数界面变化过程

研究区既是沙化临界区域，也是牛枝子群落与黑沙蒿群落的交错带，具有界面特征，游动分割窗峰值图在第 22 个样方附近出现波峰，即群落界面的位置，植被以牛枝子、黑沙蒿、长芒草等植物为主，是牛枝子群落向黑沙蒿群落的过渡地带（时项锋等，2010）。在本研究中，植物群落物种数沿样线方向的变化最为明显，在牛枝子群落，植物群落物种数较少，随着沿样线距离的增大，植物群落物种数逐渐增多，达到最大值后开始下降，最后降到最低。植物群落物种数的上述变化过程与研究区的界面过程基本吻合，很明显，植物群落物种数的变化可以从界面效应的角度得到解释。以往的研究一般表明，景观界面内物种多样性增加（Gosz，1992；Hansen et al.，1992），这与本研究的结果一致。然而，植物群落物种数只是物种多样性的一个方面，因此，今后的研究还应以植物群落物种数为基础，结合植被调查中获得的每个物种的个体数等数据，分别计算出均匀度指数、多样性指数，再利用地统计学方法分析其空间分布规律，能更全面地揭示物种多样性在沙化临界区域的变化过程。

研究区土壤水分沿样线方向总体也表现为先升高后降低的变化趋势，这种趋势虽然没有植物群落物种数的变化明显，但也反映了一定的界面变化过程。沙化过程中植被退化最为直观和敏感，而在干旱、半干旱的毛乌素沙地，土壤水分含量是制约植被演替的关键因素，因此，土壤水分含量应该表现出与植被特征相似的空间分布规律，土壤水分含量与植物群落物种数一样表现出以上界面变化过程，就不难理解了。

3. 土壤水热与植物群落物种数的关系

研究区植物群落物种数与各层土壤水分含量之间的相关分析和偏相关分析结果不完全一致，这主要是由各变量之间的相互作用引起的，在发现各层土壤水分含量之间都呈极显著相关后，必须通过偏相关分析才能最终确定植物群落物种数与各层土壤之间的相互关系；但相关分析又是必需的过程，它能揭示各个变量之间的相互关系，在此基础上进行偏相关分析才能对各个变量的控制有较好的把握。

偏相关分析结果显示，植物群落物种数与 0～5cm 土层土壤水分含量呈极显著正相关，表明 0～5cm 土层土壤水分含量的高低与植物群落物种数的多少密切联系，是制约植被物种空间分布的决定性因素。该结果和荒漠绿洲过渡带植被特征与表层土壤水分含量呈显著负相关（王蕙等，2007）的结论恰好相反，表明沙化临界区域群落交错带的生态因子有其特殊的变化特征。另外，植物群落物种数与 5～10cm 土层土壤水分含量呈负相关，表明随着植被物种丰富度的增加，5～10cm 土层土壤水分呈减少的趋势，这主要与研究区植物种类有关，研究区主要分布有蒙古冰草、长芒草等浅根性植物，其对土壤水分含量的利用特征，导致 5～10cm 土层土壤水分减少。

相关分析显示，各层土壤水分含量均与地下 5cm 的土壤温度呈负相关，这与北方农牧交错带 1m×1m 采样粒度下土壤水分含量与温度呈负相关（王红梅等，2009）的结论是一致的。然而，本研究中关于土壤温度的统计较为粗略，这种处理方式虽然提高了土壤温度的测定精度，但相比对应每一个采样点测定土壤温度样本量少很多，很可能遗漏一些信息，在今后的研究中需要进一步改进。

5.4　小　　结

毛乌素沙地南缘沙化临界区域土壤全氮含量、速效钾含量和速效磷含量均符合正态分布，都具有较好的中心趋向分布，且都属于中等程度的变异；3 种土壤养分含量分别符合球状模型（速效钾）和指数模型（全氮和速效磷），模型优度较高，其中速效钾含量具有强空间自相关性，而全氮含量和速效磷含量具有中等程度的空间自相关格局，结构性因素在速效钾含量的空间分布中发挥主导作用，而随机性因素和结构性因素在全氮含量和速效磷含量的空间分布中共同发挥作用。

毛乌素沙地南缘沙化临界区域土壤养分含量具有明显的空间分布格局，与群落交错带的界面过程密切相关，其空间异质性特征深受群落界面的影响，同时它们的空间特征也反作用于群落界面的形成和发展。

土壤水分空间分布沿沙化临界区域的变化规律与植物群落物种数基本一致，沿样线距离的增加呈现先升高后降低的趋势，且 0～5cm 土层土壤水分含量与植物群落物种数存在极显著正相关。0～5cm 土层土壤水分含量和植被物种的空间分布之间呈现正反馈作用。

毛乌素沙地南缘沙化临界区域植被空间变异受尺度效应和划区效应的影响显著，研究植被盖度空间格局所需的样地最小面积为 30m×250m；合理的样地面积为 10m×10m 到 10m×30m。

参 考 文 献

陈文波, 肖笃宁, 李秀珍. 2002. 景观空间分析的特征和主要内容. 生态学报, 22 (7): 1135～1142

慈龙峻. 2005. 中国的荒漠化及其防治. 北京: 高等教育出版社

董光荣, 靳鹤龄, 陈惠忠. 1998. 中国北方半干旱和半湿润地区沙漠化的成因. 第四纪研究, (2): 136～144

董雯, 赵景波. 2006. 毛乌素沙地的形成与治理. 贵州师范大学学报（自然科学版）, 24 (4): 42～46

何志斌, 赵文智, 常学礼. 2004. 荒漠绿洲过渡带植被空间异质性的可塑性面积单元问题. 植物生态学报, 28 (5): 616～622

李哈滨, 王政权, 王庆成. 1998. 空间异质性定量研究理论与方法. 应用生态学报, 9 (6): 651～657

连纲, 郭旭东, 傅伯杰, 等. 2008. 黄土高原县域土壤养分空间变异特征及预测——以陕西省横山县为例. 土壤学报, 45 (4): 577～584

刘付程, 史学正, 于东升, 等. 2004. 基于地统计学和 GIS 的太湖典型地区土壤属性制图研究. 土壤学报, 41 (1): 20～27

卢文岱. 2003. SPSS for Windows 统计分析. 3 版. 北京: 电子工业出版社

马风云, 李新荣, 张景光, 等. 2006. 沙坡头人工固沙植被土壤水分空间异质性. 应用生态学报, 17 (5): 789～795

时项锋, 许冬梅, 邱开阳, 等. 2010. 游动分割窗技术在景观界面影响域判定中的应用: 以牛枝子-黑沙蒿群落界面为例. 草业科学, 27 (4): 30～33

司建华, 冯起, 鱼腾飞, 等. 2009. 额济纳绿洲土壤养分的空间异质性. 生态学杂志, 28 (12): 2600～2606

王红梅，王堃，米佳，等. 2009. 北方农牧交错带沽源农田-草地界面土壤水热空间特征. 生态学报，29（12）：6589～6598

王蕙，赵文智，常学向. 2007. 黑河中游荒漠绿洲过渡带土壤水分与植被空间变异. 生态学报，27（5）：1731～1739

王军，傅伯杰，邱扬，等. 2002. 黄土高原小流域土壤养分的空间异质性. 生态学报，22（8）：1173～1178

王庆成，程云环. 2004. 土壤养分空间异质性与植物根系的觅食反应. 应用生态学报，15（6）：1063～1068

王政权. 1999. 地统计学及在生态学中的应用. 北京：科学出版社：65～152

杨艳丽，史学正，于东升，等. 2008. 区域尺度土壤养分空间变异及其影响因素研究. 地理科学，28（6）：788～792

杨兆平，欧阳华，徐兴良，等. 2010. 五道梁高寒草原土壤水分和植被盖度空间异质性的地统计分析. 自然资源学报，25（3）：426～434

张凤杰，乌云娜，杨宝灵，等. 2009. 呼伦贝尔草原土壤养分与植物群落数量特征的空间异质性. 西北农业学报，18（2）：173～177

赵莉敏，史学正，黄耀，等. 2008. 太湖地区表层土壤养分空间变异的影响因素研究. 土壤，40（6）：1008～1012

朱锦懋，姜志林. 1999. 闽北森林群落物种多样性的可塑性面积单元问题. 生态学报，19（3）：304～311

Cambardella C A，Moorman T B，Novak J M，et al. 1994. Field-scale variability of soil properties in central Iowa soils. Soil Science Society of America Journal，58：1501～1511

Dick D A，Gilliam F S. 2007. Spatial heterogeneity and dependence of soil and herbaceous plant communities in adjacent seasonal wetland and pasture sites. Wetlands，27（4）：951～963

Forman R T T，Godron M. 1986. Landscape Ecology. New York：John Wiley & Sons：96～99

Gallardo A. 2003. Spatial variability of soil properties in a floodplain forest in Northwest Spain. Ecosystems，6：564～576

Gosz J R. 1992. Ecological functions in a biome transition zone：translating local response to broad-scale dynamics. *In*：Hansen A J，di Castria F. Landscape Boundaries：Consequences for Biotic Diversity Ecological Flow. New York：Springer-Verlag Press：55～75

Hansen A J，Risser P G，di Castria F. 1992. Epilogue：biodiversity and ecological flows across ecotones. *In*：Hansen A J，di Castria F. Landscape Boundaries：Consequences for Biotic Diversity and Ecological Flows. New York：Springer-Verlag Press：423～438

Kashian D M，Turner M G，Romme W H，et al. 2005. Variability and convergence in stand structural development on a fire-dominated subalpine landscape. Ecology，86（3）：643～654

Li J R，Okin G S，Alvarez L，et al. 2008. Effects of wind erosion on the spatial heterogeneity of soil nutrients in two desert grassland communities. Biogeochemistry，88：73～88

Lisandro B C. 2003. The importance of the variance around the mean effect size of ecological processes. Ecology，84（9）：2335～2346

Pickett S T A，Cadenasso M L. 1995. Landscape ecology：spatial heterogeneity in ecological systems. Science，269（5222）：331～334

Schlesinger W H，Raikks J A，Hartley A E，et al. 1996. On the spatial pattern of soil nutrients in desert ecosystems. Ecology，77（2）：364～374

Schlesinger W H，Reynolds J F，Cunningham G L，et al. 1990. Biological feedbacks in global desertification. Science，247（4946）：1043～1048

Trangmer B B，Yost R S，Uehara G. 1985. Application of geostatistics to spatial studies of soil properties. Advances in Agronomy，38：45～94

Yonker C M，Schimel D S，Paroussis E，et al. 1988. Patterns of organic carbon accumulation in a semiarid shortgrass steppe，Colorado. Soil Science Society of America Journal，52（2）：478～483

第 6 章　宁夏东部风沙区沙化草地生态环境质量评价

　　生态环境质量评价是指在一个特定的时间或空间范围内，根据科学合理的评价指标体系和标准，运用合适的数学等方法对某一区域与人类有关的自然资源及人类赖以生存的环境的优劣程度及其影响关系作出评价与判定（刘鲁军和叶亚平，2000）。生态环境质量综合评价是一项系统性的工作，涉及自然、人文等学科的多个领域，其中生态学、资源环境科学的理论和方法对生态环境质量的评价具有重要意义（夏军，1999）。

　　国外环境质量评价研究开始于 20 世纪 60 年代中期，70 年代开始蓬勃发展，世界上许多国家十分重视环境质量的评价（Geraghty，1993）。影响较大的是 90 年代初美国国家环境保护署（EPA）提出的环境监测和评价项目（EMAP），从区域和国家尺度评价了生态资源状况并对其发展趋势进行长期预测，而后，又发展了小流域环境监测和评价（Smith，2000），Strobel 等（1999）对河口地区进行的生态评价是多区域生态环境评估的典型案例。2001 年 6 月，联合国环境规划署（UNEP）启动了迄今为止最大的地球生态系统健康评估项目，即全球合作的千年生态系统评估项目（Millennium Ecosystem Assessment，MA），有 95 个国家的 1360 位专家参与其中，其主要任务是对生态系统过去、现在和将来的健康状况进行评估（牛文元，2007），并提出相应对策，该项目的实施对改进生态系统管理状况及推动社会经济可持续发展具有十分重要的意义。

　　我国的生态环境质量评价开始于 20 世纪 80 年代末至 90 年代初，对其综合评价指标体系的研究也应运而生，重点是农业生态系统，其次是城市生态环境质量评价（江振蓝等，2004；王耕和王利，2004；黄作维和贺迅宇，2007），进而涉及区域环境（王瑷玲等，2006；王玉华等，2011；郝永红和周海潮，2002）、省级生态综合评价（谢志仁和刘庄，2001；陈涛和徐瑶，2006）、山区生态环境评价（麻冰涓，2006；黄国胜等，2005）及土地可持续利用评价。

　　在评价指标体系及其应用研究方面，彭念一和吕忠伟（2003）从农业可持续发展与生态环境间的关系着手，构建了农业可持续发展与生态环境评价相结合的指标体系，并利用主成分分析法对全国 31 个省、自治区、直辖市的农业可持续发展状况进行了综合评价。朱闪闪等（2008）基于"自然生态—人类驱动—环境响应"的系统模型建立了农业生态环境质量评价指标体系，并结合江苏省丰县的实际情况，运用模糊综合评价模型，对当地农业生态环境进行了评价。喻建华等（2004）考虑到自然和社会两重属性，建立了农业生态环境质量评价指标体系，此体系更加注重的是农业生产系统的自然生产力状况、系统的稳定性和农业投入-产出的经济性。仲夏（2002）认为城市是一个复合生态系统，因此从自然、社会和经济三个方面建立了相对比较完整的城市生态环境质量评价指标体系。贾艳红和赵军（2004）根据白银市生态系统的实际情况，运用层次分析法确定其生态环境质量评价指标体系及各层评价因子的权重，并将各级指标根据数值区间划分等级，利用综合指数评价法对该区域的生态环境质量进行了评价。王文杰等（2001）认为评价区域生态环境质量应采用"环境压力—状态—响应"模型，以此模型选择包括人口及其相关活动、自然植被及其生态环境变化等方面的指标构成体系。李晓秀（1997）在阐述评价山区生态环境质量的必要性后，提出了包括体现山区的独特自然环境总体质量指标和生态环境质量指标的山区生态环境质量评价指标体系，并以该体系对北京山区生态环境进行了综合评价。傅伯杰等（1997）以土地可持续利用为目标，构建了包括生态、经济和社会 3 个方面的土地可持续利用评价指标体系。叶亚平和刘鲁君（2000）以生态环境质量条件、人类对其影响程度及适宜度需求三个方面构建了省域生态环境质量评价指标体系，对全国 30 个省份进行生态环境质量评价，并根据需要将评价结果分为 10 个等级。

目前，国内外对生态环境质量评价方法应用较多的有综合指数评价法、模糊综合评价法、指数评价法、人工神经网络评价法、评分叠加法、景观生态法、主分量法、灰色评价法及秩和比法（RAR）等。由于综合指数评价法能够有效地反映各个因子对总体环境质量的贡献，且可以体现生态环境评价的综合性、整体性和层次性（毛文永，1998），因此本书主要采用综合指数评价法。

宁夏地处我国荒漠和草原的过渡地带，生态系统极端脆弱，生产力水平低。草地生态系统是宁夏干旱区重要的自然资源和天然生态屏障，其生态环境状况不仅制约着该区农牧业的发展，还威胁着周边地区的生态安全。因此，选择合适的评价指标，运用恰当的评价方法，对宁夏沙化草地生态环境质量进行评价显得尤为必要。本研究以生态过渡区盐池县沙化草地为研究对象，通过实地调查，分析沙化草地植被和土壤随土地沙化过程的变化，并提出一套适合评价盐池县沙化草地生态环境质量的指标体系，利用数学方法对草地生态环境质量进行综合评价，此研究的开展对保护沙化草地生态环境、防止土地沙漠化有重要的理论和现实意义。

6.1　研　究　方　法

6.1.1　野外调查及取样

1. 草地植被调查

于植物生长最旺盛时期进行野外调查和取样。在盐池县县域范围内，选取

34 个 60m×60m 的典型样地（高沙窝镇 3 个、花马池镇 5 个、王乐井乡 6 个、冯记沟乡 3 个、青山乡 9 个、大水坑镇 7 个、麻黄山乡 1 个），在每个样地内随机设置 3 个样方（草本 1m×1m；灌木 10m×10m），分别测定灌木和草本植物的物种组成、盖度、密度、高度、频度及地上生物量。记录样方所在的具体位置、海拔、地形地貌等。

2. 土壤取样

在每个样方内随机设 3 个取样点，分 0～5cm、5～20cm、20～50cm 和 50～100cm 土层采集土壤样品，将同层的 3 个样混合均匀，剔除其中的石块、根系等带回实验室，分别过 1mm 和 0.25mm 筛用于土壤理化性质分析。

6.1.2　土壤样品分析指标及方法

土壤样品分析指标及方法同第 4 章。

6.1.3　气象及社会经济状况数据来源

从盐池县气象局收集了盐池县的年平均气温、年降水量等气象数据。从盐池县统计局收集了各乡镇的人口数量、面积、农民人均纯收入、年末大牲畜存栏数（羊单位）、年末常用耕地面积、封山育林面积等社会经济情况数据资料。

6.1.4　数据计算与统计

1. 物种多样性指数的计算

物种多样性指数的计算同第 3 章。

2. 不同沙化类型草地的划分

本研究参照国标《天然草地退化、沙化、盐渍化的分级指标》（GB 19377—2003），并结合研究区内土壤、植被整体状况，选取与草地生态环境状况密切相关的 15 项指标：土壤有机质含量、全氮含量、水解氮含量、速效钾含量、速效磷含量、黏粉粒含量、pH、全盐含量、容重、含水量、植被盖度、地上生物量、物种数、物种多样性指数、均匀度指数进行主成分分析。通过分析，以筛选出的含有≥85%原始信息量的指标为参数（表 6-1，表 6-2），对 34 个样地进行系统聚类。常用的系统聚类法有离差平方和法、最短距离法、最长距离法、类平均法、重心法等。本书采用这 5 种方法分别对 34 个样地进行聚类，然后比较 5 种聚类结果，结合实际情况，最后以离差平方和法将研究区草地划分为轻度沙化草地、中度沙化草地、重度沙化草地和极度沙化草地 4 个沙化类型。

由表 6-1 可知，第一主成分是土壤有机质含量、全氮含量、含水量、水解氮含量、黏粉粒含量、物种数、容重、物种多样性指数的综合作用，第二主成分主要由均匀度指数、物种多样性指数、地上生物量、速效钾含量决定，第三主成分由速效磷含量、速效钾含量、植被盖度、地上生物量决定，第四主成分由全盐含量、速效磷含量决定，第五主成分由黏粉粒含量决定，第六主成分由容重决定，第七主成分由速效钾含量决定。可以看出几乎所有主成分间都有重叠，数据冗余度较大，因此，对因子进行方差极大正交旋转做进一步的筛选。

表 6-1　因子载荷矩阵

指标变量	因子 1	因子 2	因子 3	因子 4	因子 5	因子 6	因子 7
有机质含量	0.8646	−0.3374	0.2082	−0.0451	−0.1668	−0.0648	−0.0845
全氮含量	0.8394	−0.3993	0.0571	0.0506	−0.0637	−0.1693	0.0092
水解氮含量	0.6511	−0.4483	0.1683	0.0841	−0.2663	−0.1933	−0.3229
速效磷含量	−0.0900	−0.2743	0.6844	0.5071	0.0313	0.0350	0.0775
速效钾含量	−0.0595	−0.5704	0.5009	0.1361	−0.0668	0.1887	0.4794
容重	−0.5277	−0.0033	0.2772	0.3070	0.2453	0.5166	−0.3399
含水量	0.7583	0.2740	−0.0770	−0.2311	0.2864	0.2462	0.1314
pH	0.2348	0.4850	0.3510	−0.4591	−0.4252	0.1939	0.1764
全盐含量	0.3837	−0.0307	−0.3596	0.5483	0.4564	−0.2298	0.2173
黏粉粒含量	0.6225	−0.1365	0.0036	−0.3054	0.5667	0.2905	0.0719
物种数	0.6529	0.4687	−0.0926	0.3758	−0.1781	0.2996	−0.0953
植被盖度	0.1666	0.4725	0.5541	−0.0257	0.3377	−0.3413	−0.1856
地上生物量	0.0079	0.6240	0.5032	−0.1762	0.2810	−0.2324	−0.0042
均匀度指数	−0.1596	0.6685	−0.0245	0.2979	−0.1851	−0.2286	0.2405
物种多样性指数	0.5459	0.6421	−0.0511	0.4178	−0.2155	0.2065	−0.0108
特征值	4.1086	2.8962	1.7016	1.4759	1.2661	0.9646	0.6652
累计贡献	0.2739	0.4670	0.5804	0.6788	0.7632	0.8275	0.8719

由表 6-2 可知，基于因子方差极大正交旋转后，第一主成分由有机质含量、水解氮含量决定；第二主成分由植被盖度决定，第三主成分由速效钾含量决定，第四主成分由物种数和物种多样性指数决定，第五主成分由全盐含量决定，第六主成分由黏粉粒含量决定，第七主成分由容重决定。根据综合分析，筛选出相互

独立、对该地区沙化草地环境影响较大的主要因子：土壤有机质含量、水解氮含量、速效钾含量、全盐含量、容重、黏粉粒含量及植被盖度、物种数、物种多样性指数 9 个指标。

表 6-2　方差极大正交旋转后的因子载荷矩阵

指标变量	因子1	因子2	因子3	因子4	因子5	因子6	因子7
有机质含量	0.8749	−0.0035	0.1368	0.1738	−0.0555	0.3112	0.1777
全氮含量	0.8204	−0.0631	0.1292	0.1295	0.1673	0.3025	0.2697
水解氮含量	0.9291	−0.0543	0.0531	0.0550	0.0242	−0.0048	0.0146
速效磷含量	0.1649	0.2146	0.7638	0.0109	0.1188	−0.2147	−0.3163
速效钾含量	0.1047	−0.1843	0.8728	−0.2276	−0.0769	0.0593	0.0151
容重	−0.3464	0.0158	0.2098	−0.0271	0.0007	−0.0865	−0.8484
含水量	0.1807	0.1436	−0.1540	0.3974	−0.0331	0.7700	0.2010
pH	−0.0164	0.2381	0.0205	0.3204	−0.7903	0.1352	0.2664
全盐含量	0.0674	−0.0003	0.0287	0.2743	0.8503	0.2037	0.2034
黏粉粒含量	0.2352	0.0704	−0.0110	−0.0174	0.1009	0.9161	−0.0062
物种数	0.2253	0.0194	−0.1152	0.9100	0.0159	0.1801	−0.0345
植被盖度	0.0744	0.8972	−0.0075	0.0860	0.0005	0.0528	−0.0541
地上生物量	−0.2017	0.8471	−0.0163	0.0908	−0.1762	0.0809	0.0481
均匀度指数	−0.4106	0.2949	−0.0383	0.4682	0.0386	−0.3867	0.2808
物种多样性指数	0.0797	0.1382	−0.0984	0.9676	0.0004	0.0536	0.0491
方差贡献	2.8246	1.7984	1.4774	2.4378	1.4434	1.9315	1.1650
累计贡献	0.1883	0.3082	0.4067	0.5692	0.6654	0.7942	0.8719

3. 生态环境质量评价方法

（1）综合指数评价法

综合指数评价法是指运用多个指标，通过多个统计指标参评一个统一指标的评价方法。该方法是进行生态环境质量综合评价运用较多的一种方法，应用此方法，可以体现生态环境质量评价的综合性、整体性和层次性。

综合指数评价法的步骤如下。

1）数据标准化。在生态环境质量评价中，由于各个评价指标通常具有不同的含义，因此在数量级和量纲上都不同。为了保证客观性和科学性，需对原始数据进行标准化处理以消除各指标量纲带来的影响。

$$正向指标：y_i = \chi_i / \chi_0 \qquad (6\text{-}1)$$

$$逆向指标： \quad y_i = 1 - \chi_i / \chi_0 \tag{6-2}$$

式中，χ_i 为评价指标实际测定值；χ_0 为指标中最大值；y_i 为 χ_i 标准化后的标准值；i 为样地编号（$i = 1, 2 \cdots m$）。

2）评价指标权重的确定。由于不同指标对生态环境质量的贡献不同，因此需要将各项指标根据其对生态环境质量评价影响的重要程度赋以权重。确定权重的方法有很多，如层次分析法、专家调查法（德尔菲法）、专家排序法、相关系数法、秩和比法（RSR）、主成分分析法和因子分析法等。为了避免人为打分确定评价因子权重带来的弊端（张建辉，1992），本研究采用因子分析法，利用 DPS 软件计算各评价指标的方差，通过计算各指标的公因子方差占公因子方差总和的比值确定权重，权重值为 0～1。

3）计算综合评价指数。选用能最直观反映生态环境质量的一些代表性参数直接计算得出综合评价指数，再经过排序和定性判别，进行区域生态环境质量现状的等级划分。综合评价指数的计算公式为

$$P_i = \sum_{j=1}^{n} C_{ij} W_{ij} \tag{6-3}$$

式中，P_i 为 i 样地的环境质量综合指数；W_{ij} 为第 j 个指标的权重，其值在 $(0, 1)$ 之间，且各指标权重之和等于 1；C_{ij} 为第 j 个指标标准化后的数值。

（2）灰色关联度评价法

灰色关联度分析是根据各因素变化曲线几何形状的相似程度，来判断各因素之间关联程度大小的方法，是通过对一个系统发展变化态势的定量描述，完成对系统内时间序列有关统计数据几何关系的比较，求出参考数列与各比较数列之间的灰色关联度。

灰色关联度分析的具体计算步骤如下。

1）确定参考数列和比较数列。反映系统行为特征的数据序列称为参考数列。参考数列为：$\chi_0(k) = \{\chi_0(1), \chi_0(2) \cdots \chi_0(n)\}$，一般取各评价指标实际测定值中的最大值。影响系统行为的因素组成的数据序列，称为比较数列。比较数列为：$\chi_i(k) = \{\chi_i(1), \chi_i(2) \cdots \chi_i(n)\}$，$i$ 为样地编号（$i = 1, 2 \cdots m$），k 为比较指标编号（$k = 1, 2 \cdots n$）。本书以比较数列中的与生态环境质量呈正相关指标的最大值及其15%的和值，与生态环境质量呈负相关指标的最大值作为参考数列。

2）对参考数列和比较数列进行无量纲化（武月荣和苏根成，2008）。

$$正向指标： \quad y_i = \chi_i / \chi_0$$

$$逆向指标： \quad y_i = 1 - \chi_i / \chi_0$$

式中，χ_i 为评价指标实际测定值；χ_0 为参考数列值；y_i 为 χ_i 标准化后的标准值；i 为样地编号（$i = 1, 2 \cdots m$）。数据经过标准化后，逆向指标数值转变为正向指标数值。

3）计算关联系数 $\xi_i(k)$。

$$\xi_i(k) = \frac{\min\limits_i \min\limits_k |\chi_0(k) - \chi_i(k)| + \rho \max\limits_i \max\limits_k |\chi_0(k) - \chi_i(k)|}{|\chi_0(k) - \chi_i(k)| + \rho \max\limits_i \max\limits_k |\chi_0(k) - \chi_i(k)|} \qquad (6\text{-}4)$$

式中，$\xi_i(k)$ 为 $\chi_0(k)$ 与 $\chi_i(k)$ 在 k 点的关联系数；$|\chi_0(k) - \chi_i(k)|$ 为 χ_0 数列与 χ_i 数列在 k 点的绝对差；$\min\limits_i \min\limits_k |\chi_0(k) - \chi_i(k)|$ 为 χ_0 数列与 χ_i 数列在所有 k 点的绝对差中的最小值；$\max\limits_i \max\limits_k |\chi_0(k) - \chi_i(k)|$ 为 χ_0 数列与 χ_i 数列在所有 k 点的绝对差中的最大值；ρ 为分辨系数，其值为 $0\sim1$，一般取 $\rho = 0.5$。关联系数反映参考数列和比较数列在某 k 点的靠近程度。

4）求关联度 γ_i。

参考数列和比较数列各指标的关联系数的平均值称为关联度。其计算公式为

$$\gamma_i = \frac{1}{n} \sum_{k=1}^{n} \xi_i(k) \qquad (6\text{-}5)$$

通过关联度大小的比较，对不同沙化类型草地的生态环境质量进行综合评价排序。

6.2　结　果

6.2.1　生态环境质量综合评价指标体系的确定

草地生态环境受自然因素和人文因素的共同影响，在分析草地生态环境状况时须考虑影响草地植被存在与发展的各环境要素自身特点及其综合作用（蒙荣等，2000）。评价指标体系作为生态环境质量综合评价的基本条件和理论基础，对生态系统环境质量的评价至关重要。本书以自然和社会两大要素包括气象、土壤、植被、人类干扰 4 个因子的 16 项指标构成沙化草地生态环境质量评价的指标体系（图 6-1）。由于草地生态环境质量评价目前还没有统一的标准，且有些指标数据难以获取，本书所建立的评价指标体系未必全面，在此运用的评价方法只是对沙化草地生态环境质量综合评价进行科学研究的积极尝试。

6.2.2　生态环境质量评价——综合指数评价法

1. 评价指标权重的确定

各评价指标的公因子方差及权重见表 6-3。

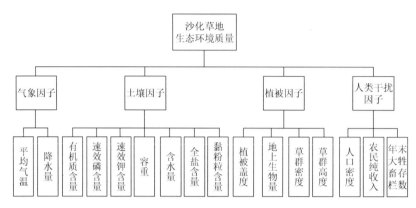

图 6-1　沙化草地生态环境质量综合评价指标体系

表 6-3　全部指标的公因子方差及权重

评价指标	公因子方差	权重
平均气温	0.8984	0.0657
降水量	0.9496	0.0695
有机质含量	0.8557	0.0626
速效磷含量	0.7798	0.0571
速效钾含量	0.8394	0.0614
容重	0.7993	0.0585
含水量	0.7931	0.0580
全盐含量	0.9752	0.0714
黏粉粒含量	0.8310	0.0608
植被盖度	0.7275	0.0532
地上生物量	0.8698	0.0637
草群密度	0.8506	0.0622
草群高度	0.7797	0.0571
人口密度	0.9544	0.0698
农民纯收入	0.8751	0.0640
年末大牲畜存栏数	0.8864	0.0649

2. 盐池沙化草地生态环境质量等级及其分布

根据图 6-1 建立的沙化草地生态环境质量综合评价指标体系及各指标权重，采用综合指数评价法对盐池沙化草地生态环境质量状况进行评价，得出研究区内各个采样点的综合评价值（表 6-4）。草地生态环境质量等级参照各类评价等级划分原则，根据研究区实际情况及综合评价值的最大值与最小值，选择适当的分值区间。仅就盐池县沙化草地生态环境质量而言，可将本研究涉及的 34 个样地划分为 4 个等级：$P \geqslant 0.63$，生态环境质量为 I 级；$0.58 \leqslant P < 0.63$ 为 II 级；$0.53 \leqslant P < 0.58$ 为 III 级；$P < 0.53$ 时为 IV 级。本研究区 34 个样地生态环境质量呈现出从南向北，从西向东降低的趋势。

生态环境质量较好的 I 级主要分布在大水坑镇南部、冯记沟乡部分区域、青山乡部分区域、高沙窝镇西北部、王乐井乡西南部；群落物种主要有中亚白草、牛枝子、老瓜头、沙芦草、糙隐子草等。该区域由于气候条件及土壤母质良好，土壤主要是轻壤土和砂壤土，植物生长旺盛，植被盖度高。

II 级、III 级主要分布在大水坑镇部分区域、青山乡部分区域、麻黄山乡、高沙窝镇部分区域、花马池镇东南部及王乐井乡部分区域、冯记沟乡部分区域，该区域植被类型与 I 级区域相同，植物生长状况随着气候条件及土壤质量状况从东南向西北呈逐渐下降的趋势。

IV 级主要分布在王乐井乡部分区域、花马池镇部分区域。该分布区海拔 1400~1600m，年降水量少，干旱多风，日照充足，水资源匮乏。植被以强旱生和沙生植物为主，主要包括中亚白草、赖草、狗尾草、匍根骆驼蓬、刺叶柄棘豆等，伴生有甘草、老瓜头、二裂委陵菜、短花针茅等。土壤以砂壤土为主，土质疏松，有机质含量约 0.56%，表层以下多有石灰淀积。

表 6-4 盐池沙化草地生态环境质量综合评价值及分级表

采样地区	样地号	气象因子评价值	土壤因子评价值	植被因子评价值	人类干扰因子评价值	综合评价值	等级
高沙窝镇	3	0.1237	0.2002	0.1261	0.1423	0.5923	II
	4	0.1237	0.2573	0.1248	0.1423	0.6481	I
	5	0.1237	0.2309	0.1192	0.1423	0.6161	II
花马池镇	1	0.1261	0.1527	0.1510	0.0640	0.4938	IV
	2	0.1261	0.2184	0.1534	0.0640	0.5619	III
	12	0.1261	0.2390	0.1240	0.0640	0.5531	III
	13	0.1261	0.2169	0.1168	0.0640	0.5238	IV
	34	0.1261	0.2081	0.1861	0.0640	0.5843	II
王乐井乡	6	0.1244	0.1979	0.1082	0.0850	0.5155	IV
	7	0.1244	0.2006	0.0796	0.0850	0.4896	IV
	8	0.1244	0.2468	0.1104	0.0850	0.5666	III

采样地区	样地号	气象因子评价值	土壤因子评价值	植被因子评价值	人类干扰因子评价值	综合评价值	等级
王乐井乡	9	0.1244	0.2153	0.0979	0.0850	0.5226	IV
	11	0.1244	0.2188	0.0868	0.0850	0.5150	IV
	25	0.1244	0.3276	0.0992	0.0850	0.6362	I
冯记沟乡	10	0.1375	0.2170	0.0937	0.1291	0.5773	III
	31	0.1375	0.2283	0.1942	0.1291	0.6891	I
	32	0.1375	0.2594	0.1103	0.1291	0.6363	I
青山乡	14	0.1283	0.2311	0.1124	0.1285	0.6003	II
	15	0.1283	0.2050	0.1075	0.1285	0.5693	III
	16	0.1283	0.1915	0.1046	0.1285	0.5529	III
	17	0.1283	0.2737	0.1264	0.1285	0.6569	I
	18	0.1283	0.2979	0.1175	0.1285	0.6722	I
	19	0.1283	0.2588	0.1183	0.1285	0.6339	I
	20	0.1283	0.2179	0.0678	0.1285	0.5425	III
	21	0.1283	0.2236	0.0835	0.1285	0.5639	III
	26	0.1283	0.2751	0.0810	0.1285	0.6129	II
大水坑镇	22	0.1336	0.1987	0.1420	0.1231	0.5974	II
	23	0.1336	0.2463	0.1083	0.1231	0.6113	II
	24	0.1336	0.2078	0.1055	0.1231	0.5700	III
	28	0.1336	0.2515	0.1151	0.1231	0.6233	II
	29	0.1336	0.2246	0.1217	0.1231	0.6030	II
	30	0.1336	0.3030	0.1112	0.1231	0.6709	I
	33	0.1336	0.2396	0.1037	0.1231	0.6000	II
麻黄山乡	27	0.1382	0.2281	0.1052	0.1148	0.5863	II

3. 不同沙化类型草地生态环境质量评价

根据图 6-1 所建立的沙化草地生态环境质量综合评价指标体系，采用灰色关联度评价法对不同沙化类型草地的生态环境质量进行评价，结果如表 6-5 所示，根据关联度得出不同沙化类型草地生态环境质量优劣的排序为：轻度沙化草地＞极度沙化草地＞中度沙化草地＞重度沙化草地。

表 6-5　不同沙化草地各评价指标灰色关联系数及关联度

指标	沙化草地类型			
	轻度	中度	重度	极度
平均气温	0.76	0.79	0.76	0.77
降水量	0.78	0.79	0.78	0.78
有机质含量	0.79	0.61	0.48	0.47
速效磷含量	0.79	0.63	0.63	0.74
速效钾含量	0.79	0.53	0.57	0.59
容重	0.36	0.35	0.34	0.33
含水量	0.58	0.79	0.50	0.44
全盐含量	0.40	0.33	0.39	0.43
黏粉粒含量	0.76	0.79	0.54	0.41
植被盖度	0.51	0.61	0.48	0.79
地上生物量	0.49	0.54	0.46	0.79
草群密度	0.53	0.43	0.56	0.79
草群高度	0.70	0.75	0.75	0.79
人口密度	0.45	0.45	0.47	0.33
农民纯收入	0.69	0.70	0.66	0.79
年末大牲畜存栏数	0.37	0.40	0.41	0.33
关联度	0.61	0.59	0.55	0.60

6.3　讨　　论

随着全球气候变化和人民生活水平的不断提高，人们对环境质量越来越重视，我国对环境科学方面的研究，特别是环境质量评价的关注与投资日益加大，但现阶段的研究主要集中在农业和城市生态环境的综合评价上（刘桂香，2009）。关于草地生态环境质量的研究较少，更多的是定性描述。

草地生态环境质量评价是指在一定范围内，根据一定的评价体系和标准，用合适的评价方法，全面评价、诠释和预警生物、非生物因子对草地生态环境质量的影响，厘清各因素之间的关系，分析它们对草地生态环境的影响程度，在此基础上宏观分析多个因素的综合结果对草地生态环境的综合作用，再对草地生态环境质量进行定性和定量评价（蒙荣等，2000），根据评价结果预测草地生态环境的动态变化，从而为拟定草原保护措施提供科学依据。

草地生态环境质量评价过程中，制定科学合理的评价体系和标准是基础。然而目前，我国还没有适用于草地环境质量整体评价的体系和标准，大都属于尝试研究。马治华（2008）以植被、土壤、气象、人畜 4 个评价因子 20 个指标构建了荒漠草原生态环境质量评价体系，采用综合指数评价法对内蒙古荒漠草原生态环境进行评价，并划分为优良、较好、一般、差 4 个环境质量等级，评价结果基本符合当地的实际情况。徐有绪等（2007）基于环青海湖地区草地生态环境的构成和演变，用分层综合评价法以成因指标（气候条件和人类干扰）和结果表现指标（生物要素和土壤要素）构建了评价指标体系，通过对各评价指标设定分级分值，提出综合评分模式，根据分值计算质量评分，对区域生态环境状况作出客观判断，并据此提出相应的管理措施。一般草地环境质量评价体系的基本评价因子包括气象、土壤、植被、人类干扰 4 个因子。

　　本研究以盐池县沙化草地为对象，在指标选择上考虑到小范围指标的异同及主要造成该区草地沙化的因素，在遵循指标选择原则的基础上以气象、土壤、植被、人类干扰因子的 16 个指标构建了适宜当地草地生态环境质量的评价体系，采用因子分析法计算出各评价指标的权重，对盐池县草地生态环境进行综合评价，并根据评价结果将研究区划分为 4 个质量等级，评价结果基本符合当地的实际情况。以 Arcgis10.0 软件的空间统计功能，将各个点综合评价指数利用样条插值法生成盐池县沙化草地生态环境质量等级图。由于采样点数量有限，生成的草地生态环境质量等级分布图可能不足以准确反映实际情况，在以后的研究中应加以完善。

6.4　小　　结

　　采用综合指数评价法以平均气温、降水量，土壤有机质含量、速效磷含量、速效钾含量、容重、含水量、全盐含量、黏粉粒含量，植被盖度、地上生物量、草群密度、草群高度，人口密度、农民纯收入、年末大牲畜存栏数 16 项指标构成的评价指标体系，对盐池县沙化草地生态环境质量进行评价，将研究区划分为 I 级、II 级、III 级、IV 级草地。以灰色关联度评价法对不同沙化程度草地的生态环境质量进行评价，排序为：轻度沙化草地＞极度沙化草地＞中度沙化草地＞重度沙化草地。

参 考 文 献

陈涛，徐瑶. 2006. 基于 RS 和 GIS 的四川生态环境质量评价. 西华师范大学学报（自然科学版），27（2）：153～157

成筠，徐泮林，郑丙辉. 2004. 基于 GIS 的城市生态环境质量评价系统. 人民长江，35（5）：45～47

傅伯杰，陈利顶，马诚. 1997. 土地可持续利用评价的指标体系与方法. 自然资源学报，12（2）：112～118

郝永红，周海潮. 2002. 区域生态环境质量的灰色评价模型及其应用. 环境工程，20（4）：66～68

黄国胜，王雪军，孙玉军，等.2005.河北山区森林生态环境质量评价.北京林业大学学报，27（5）：76～80

黄作维，贺迅宇.2007.基于 GIS 的长株潭地区生态环境质量评价研究.西南科技大学学报，22（1）：90～94

贾艳红，赵军.2004.白银市区域生态环境质量评价研究.西北示范大学学报（自然科学版），40（4）：91～95

江振蓝，沙晋明，杨武年.2004.基于 GIS 的福州市生态环境遥感综合评价模型.国土资源遥感，3（61）：46～50

李晓秀.1997.北京山区生态环境质量评价体系初探.自然资源，5：31～35

刘桂禄，冉有华.2003.基于 GIS 的兰州市生态城市评价与城镇体系建设构想.遥感技术与应用，18（5）：301～305

刘桂香.2009.草原环境质量监测评价现状、问题及对策.中国草地学报，31（3）：8～12

刘鲁军，叶亚平.2000.县域生态环境质量考评方法研究.环境监测管理与技术，12（4）：13～17

麻冰涓.2006.伏牛山区生态环境质量评价体系研究.中国水土保持，（2）：23～25

马治华.2008.内蒙古荒漠草原生态环境质量评价研究.北京：中国农业科学院硕士学位论文

毛文永.1998.生态环境影响评价概论.北京：中国环境科学出版社

蒙荣，包晓虎，袁清.2000.中国草地生态环境质量评价的基本框架.中国草地，（1）：16～19

牛文元.2007.中国可持续发展总论.北京：科学出版社

彭念一，吕忠伟.2003.农业可持续发展与生态环境评估指标体系及测算研究.数量经济技术经济研究，（12）：87～90

万本太，王文杰，张建辉，等.2003.中国生态环境质量优劣度评价.中国环境监测，（2）：46～53

王瑷玲，赵庚星，王瑞燕，等.2006.区域土地整理生态环境评价及其时空配置.应用生态学报，17（8）：1481～1484

王耕，王利.2004.基于 Mapinfo 的城市生态环境质量与影响评价研究——以朝阳市为例.水土保持研究，11（1）：13～16

王文杰，潘英姿，李雷.2001.区域生态质量评价指标选择基础框架及其实现.中国环境监测，17（5）：17～21

王玉华，白力军，赵杉杉.2011.退耕还林还草工程区域生态环境质量评价初探——以太仆寺旗为例.北方环境，23（12）：37～41

武月荣，苏根成.2008.灰色关联度法在蒙古高原北部草原土壤质量评价中的应用.内蒙古师范大学学报：自然科学汉文版，37（6）：775～779

夏军.1999.区域水环境及生态环境质量评价——多级关联评估理论及应用.武汉：武汉水利水电大学出版社：144～150

谢志仁，刘庄.2001.江苏省区域生态环境综合评价研究.中国人口·资源与环境，11（3）：85～88

徐有绪，宋理明，朱宝，等.2007.环青海湖地区草地生态环境质量评价方法.青海草业，16（4）：40～43

叶亚平，刘鲁君.2000.县域生态环境质量考评方法研究.环境监测管理与技术，12（4）：13～17

喻建华，张露，高中贵，等.2004.昆山市农业生态环境质量评价.中国人口、资源与环境，14（5）：64～67

张建辉.1992.长江上游川江流域林业土壤资源评价.资源开发与保护，8（2）：83～87

仲嘉亮，朱海涌，任玉冰.2006.基于 RS-GIS 技术的生态环境质量评价方法研究——以新疆伊犁地区为例.新疆环境保护，28（1）：1～5

仲夏.2002.城市生态环境质量评价指标体系.环境保护科学，28（110）：52～54

朱闪闪，赵言文，张彤吉.2008.农业生态环境质量评价——以江苏省丰县为例.江苏农业科学，（1）：245～247

Geraghty P J. 1993. Environmental assessment and the application of expert system: an overview. Journal of Environmental Management，39（1）：27～38

Smith E R. 2000. An overview of Epa's regional vulnerability assessment（ReVA）program. Environmental Monitoring and Assessment，64：9～15

Strobel C J，Buffum H W，Benyi S J，et al. 1999. Environment monitoring and assessment program: current of Virginian Province（U.S.）estuaries. Environmental Monitoring and Assessment，56：1～25

第7章 封育对荒漠草原植被及土壤的影响

　　草地生态系统中植被与土壤相互作用、互为反馈。植物群落结构的改善及物种多样性的提高有利于土壤养分的循环和质量的维持，土壤肥力的改善又反作用于植物生长，促进草地生产力的提升（董乙强等，2018）。全球草地面积约为 $3.42 \times 10^9 hm^2$，占陆地生态系统总面积的 46%。草地生态系统中的土壤碳具有"源""汇"的双重作用，对量化全球气候变暖背景下草地生态系统碳"汇"的功能和草地生态恢复效应具有重要意义。

　　宁夏是我国"两屏三带"生态体系建设的关键区域，天然草地占全区总面积的 47.2%，其中荒漠草原占全区草地面积的 55%，是重要的有机碳库，草地作为天然的生态屏障和重要的自然资源，对区域经济发展及生态安全具有重要的战略地位（许冬梅等，2017）。然而，长期以来人类不合理的利用导致草地生态环境不断恶化。针对宁夏草地自然环境状况及其在西部生态建设中的重要地位，伴随着国家退耕还林还草、草地禁牧封育、天然草地保护等重大工程的实施，宁夏于 2003 年全面启动了退牧还草、草地禁牧封育，使得草地有休养生息的机会，部分草地环境得以改善，草地植被发生正向演替（王蕾等，2012；王冠琪等，2012）、土壤碳氮等养分得到有效积累（王国会，2017）。但也有研究表明，封育并非时间越长越好，合理的封育时间有利于实现草地生态、经济效益的最大化（刘小丹等，2015；杨合龙等，2015）。

　　本研究以禁牧封育的宁夏荒漠草原为研究对象，研究不同封育年限草地植物群落结构、植物-土壤系统有机碳的分异特征，分析荒漠草原植被演替随封育年限的变化，不同封育年限草地土壤有机碳在土壤剖面和不同粒径团聚体中的分布，以期为荒漠草原生态系统碳储量变化和生态管理提供理论参考，这对宁夏生态环境建设具有重要的意义。

7.1　研　究　方　法

7.1.1　样地设置

　　选取以短花针茅和牛枝子为建群种的荒漠草原，采用空间梯度替代时间梯度的方法，分别选取未封育（FY0）、封育 6 年（FY6）、封育 9 年（FY9）和封育 13 年

（FY13）的草地为研究对象，各封育年限草地植被、地形、土壤等本底条件基本一致，面积为 70~100hm²，样地间隔距离在 3km 以内。研究区植被物种主要包括短花针茅（*Stipa breviflora*）、赖草（*Leymus secalinus*）、中亚白草（*Pennisetum centrasiaticum*）、牛枝子（*Lespedeza potaninii*）、猪毛蒿（*Artemisia scoparia*）、猫头刺（*Oxytropis aciphylla*）、苦豆子（*Sophora alopecuroides*）、狗尾草（*Setaria viridis*）等。

7.1.2　植被调查内容及方法

采用限定随机取样法，在各封育年限草地沿对角线设置 5 个 200m×200m 的典型样区，在每个样区内随机设置 3 个 1m×1m 的样方，调查植物群落物种组成，分种测定植物的密度、高度、盖度、频度和生物量。

7.1.3　样品采集与处理

1. 植物样品采集与处理

在植被调查的同时，将样方内植物齐地剪刈。枯落物采集采用直接收集法，在 3 月按植被调查样方选取枯落物收集点，将地面清除干净后放置用尼龙网制作的枯枝落叶收集器（1m×1m），并于 11 月收集枯枝落叶收集器内的枯落物。

植物根系的采集：采用根钻法，在植被调查样方，使用直径 8cm、高 20cm 的根钻分 0~10cm、10~20cm、20~30cm 和 30~40cm 土层采集植物根系，每个样方取 5 次。将采集的植物根系带回实验室清洗、拣出杂物，烘干后粉碎，用于有机碳的测定。

2. 土壤样品采集与处理

采用多点混合法，在每个样点挖取剖面，分 0~5cm、5~10cm、10~20cm 和 20~40cm 土层取原状土约 1000g 装于保鲜盒内，带回实验室以测定土壤团聚体；同时，用体积为 100cm³ 的环刀分层采集土壤样品，用于土壤容重及持水量等相关指标的测定。

7.1.4　样品分析项目及方法

1. 土壤样品测定指标及方法

土壤水分含量采用烘干法测定；土壤容重、孔隙度及持水量采用环刀法测定；

土壤机械团聚体和水稳性团聚体分别采用萨维诺夫干筛法和湿筛法测定（孙权，2004）；土壤有机碳和团聚体有机碳含量采用 Elemental rapid CS cube 元素分析仪测定。

2. 植物有机碳的测定

植物有机碳的测定同土壤有机碳测定方法。

7.1.5　数据计算

1. 物种重要值、多样性指数的计算

物种重要值、多样性指数的计算同第 3 章。

2. 群落稳定性的计算

采用郑元润（2000）改进后的 M. Godron 稳定性测定方法，即以植物群落中所有物种的频度为基础，将植物的频度由大到小排列，计算出植物种类累积百分数和累积相对频度，将其一一对应画出散点图并拟合成一条平滑曲线，在两个坐标轴 100 处连一线，与曲线交点就是所求点。其中，20/80 为群落的稳定点，在交点上，植物种类累积百分数和累积相对频度比值越接近 20/80，群落就越稳定，反之就越不稳定。

通过建立数学模型，对散点图进行数学模型模拟，准确量化交点与稳定点的欧氏距离，从而更加准确地对群落稳定性进行分析。对散点图进行平滑曲线模拟的模型为

$$y = ax^2 + bx + c$$

直线方程为

$$y = 100 - x$$

将直线方程带入拟合曲线方程中，得

$$ax^2 + (b+1)x + c - 100 = 0$$

故，得到方程的解为

$$x = \frac{-(b+1) \pm \sqrt{(b+1)^2 - 4a(c-100)}}{2a}$$

式中，x 为植物种类累积百分数；y 为累积相对频度；a、b、c 为常数。

3. 土壤团聚体破坏率及平均重量直径的计算

（1）团聚体破坏率的计算

$$H = \frac{M_{R>0.25}(\text{干筛重} - \text{湿筛重})}{M_{R>0.25(\text{干筛})}} \times 100\%$$

式中，H 为团聚体破坏率（%）；$M_{R>0.25}$ 为粒径大于 0.25mm 的团聚体的质量（g/kg）。

（2）平均重量直径（MWD）的计算

$$\text{MWD} = \frac{\sum_{i=1}^{n} W_i \bar{X}_i}{\sum_{i=1}^{n} W_i}$$

式中，MWD 为土壤平均重量直径；$\bar{X}_i$ 为某级团聚体的平均直径；W_i 为某级团聚体组分干重。

（3）团聚体对土壤有机碳贡献率的计算

团聚体对土壤有机碳贡献率(%) =（该粒级团聚体中有机碳含量
　　　　　　　　　　　　×该级团聚体含量/土壤有机碳含量）×100

4. 植物和土壤有机碳储量的计算

（1）植物有机碳储量的计算（张蕊等，2018）

植物地上部有机碳储量（g/m²）= 单位面积植物地上生物量（g/m²）×有机碳含量（%）

植物根系有机碳储量（g/m²）= 单位面积植物根系生物量（g/m²）×有机碳含量（%）

枯落物有机碳储量（g/m²）= 单位面积枯落物累积量（g/m²）×有机碳含量（%）

（2）土壤有机碳储量的计算（胡向敏等，2014）

$$C_S = \sum_{i=1}^{n} (d_i \times H_i \times b_i) \times 100$$

式中，C_S 为一定深度土壤单位面积有机碳储量（g/m²）；d_i 为土壤容重（g/cm³）；H_i 为土壤平均分析厚度（cm）；b_i 为土壤平均有机碳含量（%）。

（3）总有机碳储量的计算

总有机碳储量（g/m²）= 植物地上部有机碳储量（g/m²）+ 枯落物有机碳储量（g/m²）
　　　　　　　　　　+ 植物地下根系有机碳储量（g/m²）+ 土壤有机碳储量（g/m²）

7.1.6　数据统计

采用 Excel 2010 对数据进行基础处理及图表制作，采用 DPS 9.5 统计软件进行单因子方差分析（one-way ANOVA），采用 Duncan 法进行多重比较，采用 SPSS22.0 统计软件进行相关性分析、拟合。

7.2　结　　果

7.2.1　不同封育年限荒漠草原植物群落特征及其稳定性

1. 不同封育年限荒漠草原植物群落数量特征的变化

图 7-1 显示了不同封育年限荒漠草原植物群落的数量特征。不同封育年限及未封育草地之间植被盖度、密度差异均不显著（$P > 0.05$），分别为 59%~71%、144~219 株/m²。植被平均高度和地上生物量以封育 9 年的草地最高，显著高于

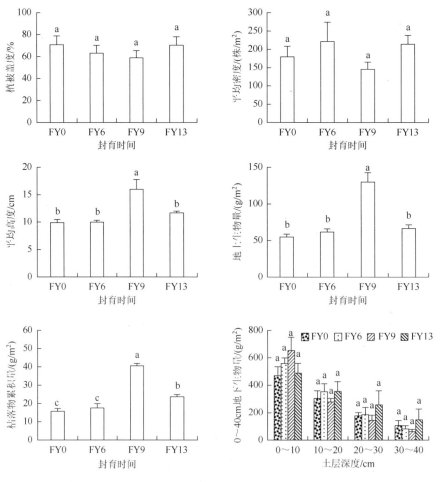

图 7-1　不同封育年限荒漠草原植物群落的数量特征

不同小写字母表示不同封育年限差异显著，$P < 0.05$。下同

未封育、封育 6 年和 13 年的草地（$P<0.05$）。不同封育年限及未封育草地之间 $0\sim$ 40cm 地下生物量之间无显著差异（$P>0.05$）；从剖面分布看，不同封育年限草地植物地下生物量随深度的增加而降低。草地枯落物积累量为：FY9＞FY13＞FY6＞FY0，其中，封育 9 年的草地枯落物累积量达 40.64g/m²，显著高于未封育及封育 6 年、13 年的草地（$P<0.05$），封育 6 年的草地和未封育草地之间差异不显著（$P>0.05$）。

2. 不同封育年限荒漠草原植物物种组成及其重要值

不同封育年限荒漠草原植物物种组成及重要值见表 7-1。在所有调查样地共出现 23 种植物，分属于豆科（Leguminosae）、禾本科（Gramineae）、菊科（Asteraceae）等 10 科，主要包括短花针茅、牛枝子、蒙古冰草、猪毛蒿等。其中，未封育草地共鉴定出 21 种植物，植被组成以猪毛蒿、牛枝子、短花针茅为主，伴生一定量的砂珍棘豆（*Oxytropis racemose*）、远志（*Polygala tenuifolia*）等；封育 6 年的草地共出现 20 种植物，主要由蒙古冰草、猪毛蒿、瘤果虫实（*Corispermum tylocarpum*）、牛枝子等组成；封育 9 年的草地出现了 17 种植物，主要由蒙古冰草、牛枝子、猪毛蒿等组成，其中，蒙古冰草重要值高达 0.3657，在群落中优势地位较为明显；封育 13 年的草地共鉴定出 20 种植物，主要包括牛枝子、短花针茅、猪毛蒿和甘草（*Glycyrrhiza uralensis*）等。

从不同封育年限草地物种重要值的变化看，牛枝子的重要值以封育 6 年的草地最低，显著低于未封育及封育 9 年、13 年的草地（$P<0.05$）；封育 6 年、9 年的草地蒙古冰草的重要值显著高于未封育及封育 13 年的草地，短花针茅的重要值则显著低于未封育及封育 13 年的草地（$P<0.05$）。一年生植物猪毛蒿的重要值以未封育草地最高，为 0.2351，封育 6 年的草地最低，为 0.1299，但各封育年限及未封育草地之间差异不显著（$P>0.05$）；瘤果虫实和刺蓬（*Salsola pestifer*）的重要值以封育 6 年的草地最高，显著高于未封育及封育 9 年、13 年的草地（$P<0.05$）。

表 7-1　不同封育年限荒漠草原植物物种组成及重要值

植物种	科名	生活型	FY0	FY6	FY9	FY13
牛枝子 *Lespedeza potaninii*	豆科	半灌木	0.2069	0.0989	0.2200	0.2055
猫头刺 *Oxytropis aciphylla*	豆科	半灌木	0.0062	0.0066	0.0039	—
草木樨状黄芪 *Astragalus melilotoides*	豆科	多年生草本	0.0028	—	0.0018	0.0043
老瓜头 *Cynanchum komarovii*	萝藦科	多年生草本	0.0070	0.0109	—	—
甘草 *Glycyrrhiza uralensis*	豆科	多年生草本	0.0223	0.0334	0.0080	0.0758
砂珍棘豆 *Oxytropis racemose*	豆科	多年生草本	0.0695	0.0250	0.0206	0.0311

续表

植物种	科名	生活型	FY0	FY6	FY9	FY13
狭叶米口袋 *Gueldenstaedtia stenophylla*	豆科	多年生草本	0.0245	0.0129	0.0149	0.0059
赖草 *Leymus secalinus*	禾本科	多年生草本	0.0066	—	—	0.0210
短花针茅 *Stipa breviflora*	禾本科	多年生草本	0.2179	0.0743	0.0090	0.1858
中亚白草 *Pennisetum centrasiaticum*	禾本科	多年生草本	0.0381	0.0091	0.0697	0.0262
糙隐子草 *Cleistogenes squarrosa*	禾本科	多年生草本	0.0097	0.0128	0.0041	0.0579
蒙古冰草 *Agropyron mongolicum*	禾本科	多年生草本	0.0184	0.2720	0.3657	0.0415
叉枝鸦葱 *Scorzonera divaricata*	菊科	多年生草本	0.0069	0.0055	—	0.0043
丝叶山苦荬 *Ixerischinensis var. graminifolia*	菊科	多年生草本	0.0325	0.0046	0.0024	0.0315
阿尔泰狗娃花 *Heteropappus altaicus*	菊科	多年生草本	—	—	—	0.0075
猪毛蒿 *Artemisia scoparia*	菊科	一年生草本	0.2351	0.1299	0.2199	0.1786
瘤果虫实 *Corispermum tylocarpum*	藜科	一年生草本	0.0063	0.1375	—	0.0061
刺蓬 *Salsola pestifer*	藜科	一年生草本	—	0.0850	0.0153	0.0160
银灰旋花 *Convolvulus ammannii*	旋花科	多年生草本	0.0220	0.0289	—	0.0360
乳浆大戟 *Euphorbia esula*	大戟科	多年生草本	0.0070	0.0118	0.0092	0.0116
远志 *Polygala tenuifolia*	远志科	多年生草本	0.0334	0.0071	0.0112	0.0283
二裂委陵菜 *Potentilla bifurca*	蔷薇科	多年生草本	0.0176	0.0181	0.0181	0.0253
匍根骆驼蓬 *Peganum nigellastrum*	蒺藜科	多年生草本	0.0094	0.0155	0.0063	—

3. 不同封育年限荒漠草原植物物种多样性的变化

不同封育年限草地植物物种多样性指数见图 7-2。可以看出，各封育年限及未封育草地之间的 Pielou 均匀度指数差异不显著（$P>0.05$）；物种丰富度指数、Shannon-Wiener 指数和 Simpson 指数总体呈先下降后上升趋势，均以封育 9 年的草地最低，显著低于未封育、封育 6 年和 13 年的草地（$P<0.05$），未封育、封育 6 年和 13 年的草地之间差异不显著（$P>0.05$）。

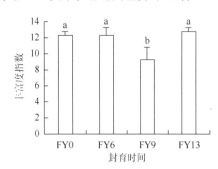
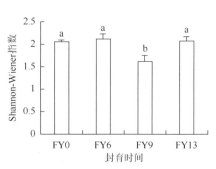

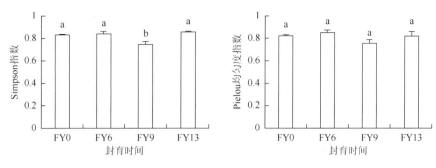

图 7-2　不同封育年限荒漠草原植物物种多样性指数

4. 不同封育年限荒漠草原植物群落的相似性

由表 7-2 可知，不同封育年限及未封育草地之间群落相似性指数变幅较大，未封育和封育 6 年的草地群落相似性指数仅为 0.3356，封育 6 年和封育 9 年的草地之间群落相似性系数为 0.4107，封育 9 年和封育 13 年的草地群落相似性指数为 0.5984。这表明在草地植被自然恢复演替的初期，群落物种数量特征变化明显，随着封育时间的延长，植物群落结构逐渐趋于稳定。

表 7-2　不同封育年限荒漠草原植物群落的相似性系数

封育时间	Whittaker 指数			
	FY0	FY6	FY9	FY13
FY0	1.0000			
FY6	0.3356	1.0000		
FY9	0.5582	0.4107	1.0000	
FY13	0.8554	0.3972	0.5984	1.0000

5. 不同封育年限荒漠草原植物群落稳定性变化

由表 7-3 和图 7-3 可知，不同封育年限草地植物群落稳定性曲线方程的决定系数均大于 0.8，说明曲线拟合较好。曲线与直线交点坐标的 x 值和 y 值范围分别在 23.0666～29.6468 和 70.3532～76.9334，交点与稳定点（20，80）的距离为：封育 6 年草地＞封育 13 年草地＞未封育草地＞封育 9 年草地。其中，封育 9 年的草地交点坐标为（23.0666，76.9334），与稳定点之间的距离为 4.3368，最接近于稳定点，群落相对较为稳定。

表 7-3　不同封育年限荒漠草原植物群落稳定性分析

封育时间	曲线方程	决定系数	交点坐标(x, y)	距离20/80的欧氏距离
FY0	$y = -0.0142x^2 + 2.0391x + 30.614$	0.8985	（25.9864，74.0137）	8.46598
FY6	$Y = -0.0138x^2 + 2.1334x + 19.234$	0.9605	（29.6468，70.3532）	13.6426
FY9	$y = -0.0139x^2 + 1.9013x + 40.619$	0.8537	（23.0666，76.9334）	4.3368
FY13	$y = -0.0137x^2 + 2.1119x + 20.123$	0.9678	（29.4993，70.5007）	13.4340

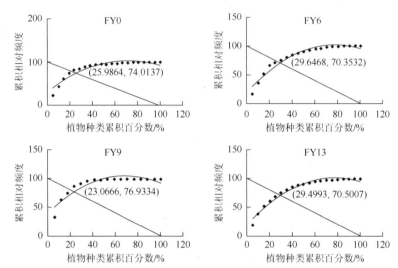

图 7-3　不同封育年限荒漠草原植物群落稳定性变化

7.2.2　不同封育年限荒漠草原土壤团聚体特征

1. 不同封育年限荒漠草原土壤机械稳定性团聚体组成特征

由表 7-4 可知，不同封育年限草地 0～20cm 各土层不同粒级团聚体质量分数从高到低的顺序为 0.053～0.25mm、>2mm、0.25～2mm、<0.053mm；20～40cm 土层，各封育年限草地均以>2mm 和 0.053～0.25mm 粒级团聚体含量较高，<0.053mm 粒级团聚体含量最低。各封育年限草地 0～40cm 各土层>0.25mm（$R_{0.25}$）粒级团聚体含量随封育年限的增加均表现为上升-下降-上升的变化趋势。

在 0～5cm 土层，不同封育年限草地土壤团聚体含量以 0.053～0.25mm 粒级最高，介于 76.40%～85.62%，<0.053mm 粒级团聚体含量最低，仅为 3.00%～4.00%，不同封育年限草地之间差异不显著（$P>0.05$）。>2mm 粒级团聚体含量随封育年限的延长呈先下降后上升趋势，以封育 13 年的草地最高，显著高于封育 9 年的草地（$P<0.05$）。0.25～2mm 粒级团聚体含量以封育 6 年的草地最高，显著高于未封育草地（$P>0.05$），与封育 9 年、13 年的草地之间差异不显著 *（$P<0.05$）*。

在 5～10cm 土层，不同封育年限草地之间＞2mm 粒级团聚体含量无显著差异（P＞0.05）。0.25～2mm 粒级团聚体含量以封育 6 年的草地最高，显著高于未封育草地（P＜0.05）。0.053～0.25mm 粒级团聚体含量以封育 9 年的草地最高，显著高于封育 6 年、13 年的草地（P＜0.05）。＜0.053mm 粒级团聚体含量以未封育草地最高，为 4.20%，显著高于封育 6 年的草地（P＜0.05）。

在 10～20cm 土层，随着封育时间的延长，＞2mm 粒级团聚体含量呈波动性变化，以封育 6 年的草地含量最高，为 40.89%，显著高于封育 9 年及 13 年的草地（P＜0.05）。不同封育年限草地 0.25～2mm 粒级团聚体含量无显著差异（P＞0.05）。0.053～0.25mm 和＜0.053mm 粒级团聚体含量以封育 9 年的草地最高，显著高于封育 6 年的草地（P＜0.05）。

在 20～40cm 土层，＞2mm 和 0.25～2mm 粒级团聚体含量均以封育 6 年的草地最高，分别为 48.91%和 15.31%，显著高于封育 9 年的草地（P＜0.05）。0.053～0.25mm 粒级团聚体含量以封育 9 年的草地最高，为 56.10%，显著高于封育 6 年的草地（P＜0.05）。＜0.053mm 粒级团聚体含量随封育时间的延长总体呈增加趋势，但各封育年限草地之间差异不显著（P＞0.05）。

从剖面分布看，随土层深度的增加，不同封育年限草地＞2mm 和 0.25～2mm 粒级大团聚体含量总体呈增加趋势，尤其是 20～40cm 土层较 0～20cm 各土层增幅较大，除封育 9 年的草地外，＞0.25mm 大团聚体含量均达到 55%以上，土壤结构逐渐趋于稳定。

表 7-4　不同封育年限荒漠草原土壤机械稳定性团聚体组成

土层深度/cm	封育时间	不同粒级团聚体含量/%				
		＞2mm	0.25～2mm	0.053～0.25mm	＜0.053mm	$R_{0.25}$
0～5	FY0	9.31±1.14[ab]	5.94±0.56[b]	80.75±1.26[a]	4.00±0.54[a]	15.25±0.84[ab]
	FY6	8.64±3.36[ab]	8.65±0.85[a]	79.55±4.53[a]	3.16±0.40[a]	17.29±4.20[ab]
	FY9	4.82±1.39[b]	6.56±0.77[ab]	85.62±1.94[a]	3.00±0.42[a]	11.38±1.97[b]
	FY13	11.76±2.36[a]	7.85±0.92[ab]	76.40±2.97[a]	3.98±0.35[a]	19.61±2.67[a]
5～10	FY0	18.06±3.12[a]	5.52±0.48[b]	72.22±3.53[ab]	4.20±0.65[a]	23.58±3.03[ab]
	FY6	20.45±4.29[a]	10.18±0.96[a]	67.02±4.87[b]	2.35±0.23[b]	30.63±5.01[a]
	FY9	11.10±2.94[a]	6.13±0.91[ab]	79.87±3.49[a]	2.90±0.41[ab]	17.23±3.57[b]
	FY13	19.37±2.37[a]	9.40±2.36[ab]	68.05±3.57[b]	3.17±0.35[ab]	28.77±3.64[ab]
10～20	FY0	25.53±5.15[ab]	6.95±1.32[a]	64.41±6.33[ab]	3.10±0.38[ab]	32.48±6.45[b]
	FY6	40.89±8.58[a]	11.10±2.33[a]	45.63±9.19[b]	2.38±0.28[b]	51.99±9.03[a]
	FY9	19.27±4.15[b]	6.86±1.14[a]	70.46±5.14[a]	3.41±0.25[a]	26.13±5.05[b]
	FY13	21.85±3.29[b]	8.77±1.54[a]	66.60±3.51[a]	2.78±0.35[ab]	30.62±3.33[b]

续表

土层深度/cm	封育时间	不同粒级团聚体含量/%				
		>2mm	0.25～2mm	0.053～0.25mm	<0.053mm	$R_{0.25}$
20～40	FY0	43.19±5.36[ab]	12.18±1.70[ab]	42.26±6.89[ab]	2.37±0.24[a]	55.37±6.81[ab]
	FY6	48.91±3.85[a]	15.31±2.14[a]	32.73±4.02[b]	3.06±0.49[a]	64.21±3.95[a]
	FY9	31.55±7.15[b]	9.29±1.35[b]	56.10±7.06[a]	3.06±0.64[a]	40.84±7.134[b]
	FY13	40.94±6.14[ab]	14.02±1.74[ab]	41.45±6.34[ab]	3.60±0.69[a]	54.95±5.89[ab]

注：不同小写字母表示同一土层深度不同封育年限之间差异显著，$P<0.05$

2. 不同封育年限荒漠草原土壤水稳性团聚体组成

表 7-5 反映了不同封育年限荒漠草原土壤水稳性团聚体含量的变化。可以看出，不同封育年限草地 0～40cm 各土层优势粒径均为 <0.25mm 粒级水稳性团聚体，尤其是 0～20cm 浅层土壤，各封育年限草地 <0.25mm 粒级水稳性团聚体质量分数均达到 80% 以上。在 0～5cm 和 5～10cm 土层，不同封育年限草地及未封育草地之间 >2mm、0.25～2mm 和 <0.25mm 各粒级水稳性团聚体含量差异均不显著（$P>0.05$）；在 10～20cm 土层，>2mm 粒级水稳性团聚体含量随封育年限的增加呈现波动变化，以封育 9 年的草地最低，仅为 4.95%，各封育年限草地 0.25～2mm 粒级水稳性团聚体含量差异不显著（$P>0.05$），<0.25mm 粒级水稳性团聚体含量以封育 9 年的草地最高，显著高于封育 6 年的草地（$P<0.05$）；在 20～40cm 土层，>2mm 粒级水稳性团聚体含量为 FY13>FY6>FY0>FY9，未封育和封育 9 年的草地显著低于封育 6 年、13 年的草地（$P<0.05$），不同封育年限草地之间 0.25～2mm 粒级水稳性团聚体含量差异不显著（$P>0.05$）；<0.25mm 粒级水稳性团聚体含量以封育 9 年的草地最高，显著高于封育 13 年的草地（$P<0.05$）。

表 7-5 不同封育年限荒漠草原土壤水稳性团聚体组成

土层深度/cm	封育时间	不同粒级团聚体含量/%		
		>2mm	0.25～2mm	<0.25mm
0～5	FY0	1.81±0.16[a]	5.01±0.64[a]	93.18±0.71[a]
	FY6	2.37±1.49[a]	5.16±0.51[a]	92.47±1.95[a]
	FY9	2.30±0.10[a]	5.17±1.18[a]	92.53±1.23[a]
	FY13	2.07±0.63[a]	4.41±0.73[a]	93.52±0.27[a]
5～10	FY0	4.36±0.43[a]	4.46±0.62[a]	91.18±0.89[a]
	FY6	4.45±2.93[a]	5.72±0.60[a]	89.83±3.50[a]
	FY9	4.49±4.23[a]	6.17±5.60[a]	90.13±1.07[a]
	FY13	4.05±0.67[a]	6.22±0.89[a]	89.73±0.24[a]

续表

土层深度/cm	封育时间	不同粒级团聚体含量/%		
		>2mm	0.25~2mm	<0.25mm
10~20	FY0	7.88±3.37ª	8.65±3.22ª	83.47±6.56ᵃᵇ
	FY6	8.61±3.24ª	8.86±6.79ª	82.53±6.00ᵇ
	FY9	4.95±4.00ᵇ	8.23±5.48ª	86.82±5.58ª
	FY13	7.25±5.75ª	7.56±0.77ª	85.19±5.58ª
20~40	FY0	11.41±1.75ᵇ	19.23±5.32ª	69.36±3.72ᵃᵇ
	FY6	17.84±4.87ª	12.04±2.65ª	70.12±6.55ᵃᵇ
	FY9	8.12±3.35ᵇ	10.95±3.51ª	80.92±6.08ª
	FY13	18.12±8.52ª	18.94±2.29ª	62.94±10.73ᵇ

3. 不同封育年限荒漠草原土壤团聚体平均重量直径（MWD）和破坏率的变化

不同封育年限荒漠草原土壤干筛团聚体 MWD 明显高于土壤湿筛团聚体 MWD（表 7-6）。在 0~5cm 土层，土壤干筛 MWD 及团聚体破坏率随封育年限的延长呈先下降后上升的趋势，封育 13 年的草地显著高于封育 6 年、9 年的草地（$P<0.05$），封育 9 年的草地与未封育草地之间差异不显著（$P>0.05$）；各封育年限草地湿筛 MWD 无显著差异（$P>0.05$）。在 5~10cm 土层，封育 9 年的草地干筛 MWD 显著低于未封育草地（$P<0.05$），与封育 6 年、13 年的草地无显著差异（$P>0.05$）；封育 6 年的草地湿筛 MWD 显著高于封育 9 年及 13 年的草地；团聚体破坏率随封育时间的延长呈先下降后上升的趋势，分布在 67.49%~73.06%，但其间差异不显著（$P>0.05$）。在 10~20cm 土层，不同封育年限草地干筛 MWD 和湿筛 MWD 均表现为 FY6>FY0>FY9>FY13，其中，封育 6 年的草地干筛 MWD 和湿筛 MWD 分别为 2.93mm 和 0.58mm，显著高于封育 9 年、13 年的草地（$P<0.05$）；各封育年限草地团聚体破坏率差异不显著（$P>0.05$）。在 20~40cm 土层，各封育年限草地干筛 MWD 变化不明显（$P>0.05$）；湿筛 MWD 以封育 9 年的草地最小，显著低于封育 6 年及 13 年的草地（$P<0.05$），与未封育草地之间差异不显著（$P>0.05$）；团聚体破坏率则以封育 9 年的草地最高，显著高于封育 13 年的草地（$P<0.05$）。

表 7-6　不同封育年限草地土壤团聚体平均重量直径（MWD）和团聚体破坏率

土层深度/cm	封育时间	平均重量直径（干筛）/mm	平均重量直径（湿筛）/mm	团聚体破坏率/%
0~5	FY0	0.90±0.06ᵃᵇ	0.29±0.01ª	69.36±2.60ᵃᵇ
	FY6	0.44±0.01ᶜ	0.33±0.03ª	59.53±3.96ᶜ
	FY9	0.56±0.09ᵇᶜ	0.27±0.01ª	61.62±1.45ᵇᶜ

续表

土层深度/cm	封育时间	平均重量直径（干筛）/mm	平均重量直径（湿筛）/mm	团聚体破坏率/%
0～5	FY13	1.11±0.21^a	0.32±0.02^a	71.78±3.06^a
5～10	FY0	1.86±0.21^a	0.41±0.01^{ab}	69.69±1.87^a
	FY6	1.64±0.01^{ab}	0.46±0.05^a	67.49±4.92^a
	FY9	1.35±0.05^b	0.27±0.01^c	71.63±6.20^a
	FY13	1.57±0.04^{ab}	0.36±0.02^b	73.06±4.26^a
10～20	FY0	2.37±0.43^{ab}	0.44±0.09^{ab}	62.66±5.75^a
	FY6	2.93±0.26^a	0.58±0.09^a	54.19±6.39^a
	FY9	1.92±0.24^b	0.37±0.10^b	67.66±3.12^a
	FY13	1.74±0.16^b	0.33±0.03^b	61.52±10.81^a
20～40	FY0	3.29±0.22^a	0.66±0.02^{ab}	50.04±3.05^{ab}
	FY6	3.87±0.26^a	0.82±0.07^a	56.94±10.04^{ab}
	FY9	3.66±0.37^a	0.52±0.10^b	73.18±6.89^a
	FY13	3.61±0.55^a	0.73±0.04^a	44.93±9.84^b

从剖面分布看，随土层的加深，各封育 13 年的草地土壤湿筛 MWD 外，各封育年限草地土壤干筛 MWD 和湿筛 MWD 总体呈增加趋势。各封育年限草地土壤团聚体破坏随土层的加深无明显变化规律；在 20～40cm 土层，各指标较 0～20cm 各土层均有明显变化。

7.2.3　不同封育年限荒漠草原植物和土壤有机碳的变化

1. 不同封育年限荒漠草原植物有机碳含量及其储量的变化

（1）不同封育年限荒漠草原植物地上部及根系有机碳含量的变化

封育初期，荒漠草原植物地上部有机碳含量增加明显，封育 6 年后，呈缓慢降低的趋势（图 7-4）。其中，未封育草地植物地上部有机碳含量最低，显著低于封育 6 年、9 年的草地（$P<0.05$），封育 6 年、9 年和 13 年的草地之间植物地上部有机碳含量差异不显著（$P>0.05$）。不同深度植物根系有机碳含量随封育时间的增加变化趋势不同，地下 0～30cm 各层植物根系的有机碳含量随封育年限的延长呈上升-下降-上升的变化趋势，以封育 6 年和 13 年的草地较高。其中，0～10cm 土层，封育 13 年的草地根系有机碳含量显著高于封育 6 年、9 年及未封育草地（$P<0.05$）；10～20cm 土层以封育 9 年的草地植物根系有机碳含量最低，为 37.86%，显著低于封育 6 年、13 年的草地（$P<0.05$）；20～30cm 土层，封育 13 年的草地显著高于未封育草地（$P<0.05$）；30～40cm 土层，未封育草地植物根系有机碳含

量显著低于封育 6 年、9 年及 13 年的草地（$P<0.05$）。各封育年限及未封育草地植物根系有机碳含量随着深度的增加总体表现为增加趋势。

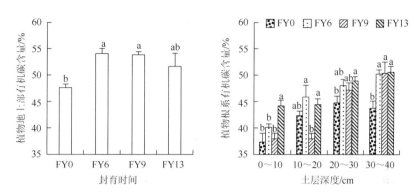

图 7-4　不同封育年限荒漠草原植物地上部及根系有机碳含量

（2）不同封育年限荒漠草原植物地上部及根系有机碳储量的变化

由图 7-5 可知，不同封育年限荒漠草原植物地上部有机碳储量随封育时间的延长表现为先增加后降低的趋势，以封育 9 年的草地最高，为 69.85g/m²，显著高于封育 6 年、13 年及未封育草地（$P<0.05$），未封育及封育 6 年、13 年的草地之间差异不显著（$P>0.05$）。不同封育年限荒漠草原植物根系有机碳储量表现为FY13＞FY6＞FY9＞FY0，但其间差异不显著（$P>0.05$）。

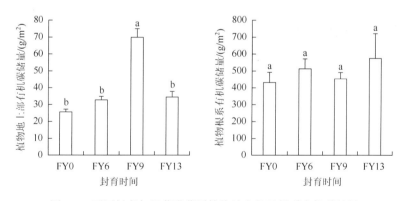

图 7-5　不同封育年限荒漠草原植物地上部及根系有机碳储量

（3）不同封育年限荒漠草原枯落物有机碳含量及储量的变化

图 7-6 表示不同封育年限荒漠草原植物枯落物有机碳及其储量的变化。有机碳含量变化为 FY6＞FY9＞FY13＞FY0，封育 6 年草地高达 48.76%，不同封育年限草地之间均呈显著差异（$P<0.05$）。枯落物有机碳储量随封育时间的延长呈先

增加后降低的趋势，峰值出现在封育 9 年的草地，为 18.68g/m²，显著高于封育 6 年、13 年及未封育的草地（$P<0.05$）；未封育和封育 6 年的草地之间差异不显著（$P>0.05$），且均显著低于封育 13 年的草地（$P<0.05$）。

（4）Shannon-Wiener 指数与地上生物量及植物有机碳储量之间的关系

将 Shannon-Wiener 指数与植物有机碳储量进行相关性分析（图 7-7），结果表明：荒漠草原植物群落物种的 Shannon-Wiener 指数与植物地上生物量、地上部有机碳储量及枯落物有机碳储量存在极显著负相关关系（$P<0.01$），与植物根系有机碳储量相关性不显著（$P>0.05$）。

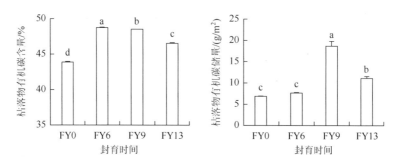

图 7-6　不同封育年限荒漠草原植物枯落物有机碳变化

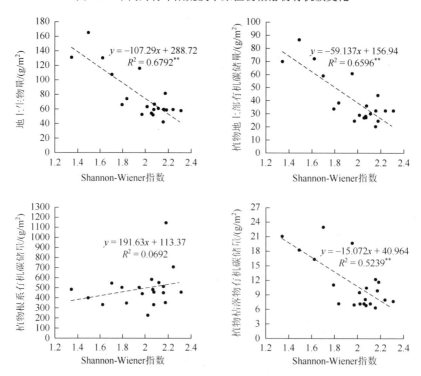

图 7-7　Shannon-Wiener 指数与植物有机碳储量的相关性分析

2. 不同封育年限荒漠草原土壤有机碳的变化

（1）不同封育年限荒漠草原土壤有机碳含量及其储量的剖面分布

不同封育年限荒漠草原土壤有机碳含量的变化。由图 7-8 可知，在 0～40cm 土层，不同封育年限及未封育草地土壤有机碳含量随土层的加深而增加，在 0～5cm 和 5～10cm 土层，各封育年限及未封育草地之间土壤有机碳含量差异不显著（$P<0.05$）；在 10～20cm 土层，未封育和封育 6 年的草地土壤有机碳含量显著高于封育 9 年和 13 年的草地（$P<0.05$）；在 20～40cm 土层，封育 9 年的草地土壤有机碳含量显著低于封育 6 年和 13 年的草地（$P<0.05$），与未封育草地之间差异不显著（$P>0.05$）。在 0～40cm 土层，随着封育时间的增加，土壤有机碳含量表现为上升-下降-上升的波动变化，以封育 9 年的草地最低，显著低于封育 6 年、13 年及未封育的草地（$P<0.05$），封育 6 年、13 年及未封育草地之间差异不显著（$P>0.05$）。

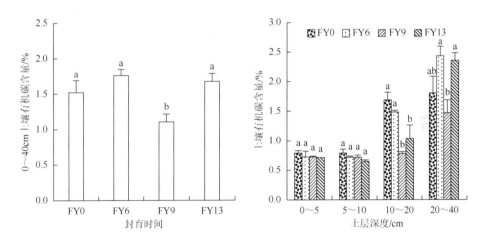

图 7-8　不同封育年限草地 0～40cm 土层土壤有机碳含量的变化

不同封育年限荒漠草原土壤有机碳储量的变化。由表 7-7 可知，不同封育年限荒漠草原 0～40cm 各土层土壤容重差异不显著（$P>0.05$）。土壤有机碳储量的变化表现为 FY6＞FY13＞FY0＞FY9，其中封育 9 年的草地土壤有机碳储量显著低于未封育及其他封育年限草地（$P<0.05$）；封育 6 年、13 年的草地及未封育草地之间土壤有机碳储量差异不显著（$P>0.05$）。从剖面分布看，各封育年限草地 20～40cm 土层土壤有机碳储量为 5.3620～8.8361kg/m²，对 0～40cm 土层土壤有机碳储量的贡献显著高于 0～20cm 土层土壤有机碳储量（图 7-9）。

表 7-7　不同封育年限荒漠草原土壤容重　　　　　（单位：g/cm³）

土层深度/cm	封育时间			
	FY0	FY6	FY9	FY13
0～40	1.45±0.01ᵃ	1.46±0.02ᵃ	1.48±0.02ᵃ	1.42±0.02ᵃ
0～5	1.48±0.02ᵃ	1.45±0.03ᵃ	1.46±0.01ᵃ	1.43±0.05ᵃ
5～10	1.50±0.02ᵃ	1.53±0.01ᵃ	1.52±0.01ᵃ	1.50±0.02ᵃ
10～20	1.41±0.02ᵃ	1.45±0.04ᵃ	1.48±0.04ᵃ	1.42±0.02ᵃ
20～40	1.43±0.03ᵃ	1.41±0.04ᵃ	1.44±0.02ᵃ	1.35±0.03ᵃ

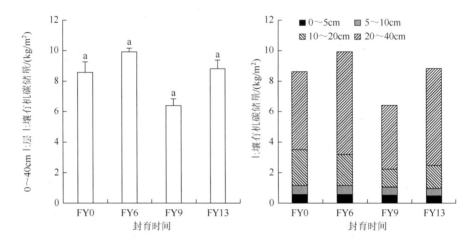

图 7-9　不同封育年限草地 0～40cm 土层土壤有机碳储量的变化

（2）不同封育年限草地土壤团聚体有机碳含量的变化

不同封育年限草地土壤团聚体有机碳含量见表 7-8。由表 7-8 可知，在 0～5cm 土层，0.25～2mm 粒级团聚体有机碳含量对封育的响应较为明显，封育 13 年的草地显著高于未封育草地（$P<0.05$）；不同封育年限及未封育草地之间 <0.053mm、0.053～0.25mm 和 >2mm 粒级团聚体有机碳含量无显著差异（$P>0.05$）。不同封育年限及未封育草地之间 5～10cm 土层各粒级团聚体有机碳含量差异均不显著（$P>0.05$）。在 10～20cm 土层，>2mm 和 0.25～2mm 粒级团聚体有机碳含量变化趋势一致，均以封育 6 年的草地最高，分别为 1.84% 和 1.91%；封育 9 年的草地最低，分别为 1.09% 和 1.21%，显著低于未封育和封育 6 年的草地（$P<0.05$），与封育 13 年的草地之间差异不显著（$P>0.05$）。<0.053mm 和 0.053～0.25mm 粒级团聚体有机碳含量变幅较小，不同封育年限及未封育草地之间无显著性差异（$P>0.05$）。在 20～40cm 土层，>2mm 粒级团聚体有机碳含量以封育 6 年的草地最高，为 2.92%，显著高于封育 9 年及未封育的草地（$P<0.05$），未封育

与封育 9 年的草地之间差异不显著（$P>0.05$）；0.25～2mm 和 0.053～0.25mm 粒级团聚体有机碳含量均表现为 FY13>FY6>FY9>FY0，封育 13 年的草地分别为 2.56%和 2.10%，显著高于未封育草地（$P<0.05$）；<0.053mm 粒级团聚体有机碳含量随封育年限的变化与 0.25～2mm 和 0.053～0.25mm 粒级团聚体有机碳含量变化趋势相同，封育 6 年和 13 年的草地显著高于未封育草地（$P<0.05$）。

不同粒级团聚体有机碳对土壤有机碳的贡献率。图 7-10 显示了不同封育年限草地 0～40cm 土层各粒级团聚体对土壤有机碳的贡献率。不同封育年限草地 0～5cm 和 5～10cm 土层均以 0.053～0.25mm 粒级团聚体对土壤有机碳的贡献率最高，并且随着封育时间的增加呈现出下降-上升-下降的波动变化趋势。

表 7-8　不同封育年限草地 0～40cm 土层土壤团聚体有机碳含量　　　（%）

土层深度/cm	封育时间	>2mm	0.25～2mm	0.053～0.25mm	<0.053mm
0～5	FY0	0.89±0.04[a]	1.05±0.02[b]	0.71±0.02[a]	1.95±0.05[a]
	FY6	1.01±0.24[a]	1.28±0.13[ab]	0.84±0.21[a]	1.84±0.07[a]
	FY9	0.96±0.03[a]	1.33±0.16[ab]	0.95±0.27[a]	1.97±0.06[a]
	FY13	0.83±0.05[a]	1.71±0.25[a]	0.64±0.03[a]	1.87±0.05[a]
5～10	FY0	0.92±0.05[a]	1.11±0.04[a]	0.98±0.24[a]	1.66±0.24[a]
	FY6	1.40±0.44[a]	1.10±0.17[a]	1.42±0.45[a]	1.94±0.16[a]
	FY9	0.99±0.15[a]	1.38±0.23[a]	0.88±0.21[a]	1.85±0.06[a]
	FY13	0.78±0.08[a]	1.08±0.07[a]	0.60±0.04[a]	1.85±0.08[a]
10～20	FY0	1.72±0.16[a]	1.81±0.19[a]	1.32±0.17[a]	2.78±0.28[a]
	FY6	1.84±0.13[a]	1.91±0.16[a]	1.27±0.13[a]	2.97±0.22[a]
	FY9	1.09±0.17[b]	1.21±0.06[b]	0.94±0.20[a]	2.00±0.09[a]
	FY13	1.36±0.20[ab]	1.64±0.19[ab]	2.19±1.41[a]	2.25±0.16[a]
20～40	FY0	2.04±0.10[b]	2.01±0.10[b]	1.45±0.16[b]	2.81±0.18[b]
	FY6	2.92±0.28[a]	2.45±0.28[ab]	1.95±0.29[ab]	3.68±0.39[a]
	FY9	2.25±0.20[b]	2.39±0.13[ab]	1.73±0.14[ab]	3.20±0.11[ab]
	FY13	2.39±0.16[ab]	2.56±0.12[a]	2.10±0.11[a]	3.88±0.17[a]

其中，在 0～5cm 土层，封育 9 年的草地 0.053～0.25mm 粒级团聚体对土壤有机碳的贡献率为 80.32%，显著高于封育 13 年的草地（$P<0.05$），与封育 6 年及未封育草地之间差异不显著（$P>0.05$）。在 5～10cm 土层，各封育年限草地之间 0.053～0.25mm 粒级团聚体对土壤有机碳的贡献率差异不显著（$P>0.05$），其

分布在 56.19%～73.30%。在 10～20cm 土层，不同封育年限草地以＞2mm 和 0.053～0.25mm 粒级团聚体对土壤有机碳的贡献率较大；其中，未封育、封育 9 年和 13 年的草地 0.053～0.25mm 粒级团聚体对土壤有机碳的贡献率最大，且其间差异不显著（$P＞0.05$）；封育 6 年的草地＞2mm 粒级团聚体对土壤有机碳的贡献率最大，为 48.44%，显著高于封育 9 年和 13 年的草地（$P＜0.05$）；＜0.053mm 和 0.25～2mm 粒级团聚体对土壤有机碳的贡献率较小，且各封育年限草地之间差异不显著（$P＞0.05$）。在 20～40cm 土层，不同粒级团聚体对土壤有机碳的贡献率随封育年限的延长变化明显，各封育年限草地以＞2mm 和 0.053～0.25mm 粒级团聚体对土壤有机碳的贡献率较大，分别为 37.38%～55.86%和 24.92%～46.76%；其中，＞2mm 粒级团聚体对土壤有机碳的贡献率以封育 6 年的草地最大，为 55.86%，显著高于封育 9 年的草地（$P＜0.05$）。不同土层各粒级团聚体对土壤有机碳的贡献变化明显，随土层加深，大团聚体对土壤有机碳的贡献率逐渐增大，微团聚体对土壤有机碳的贡献率逐渐减小。

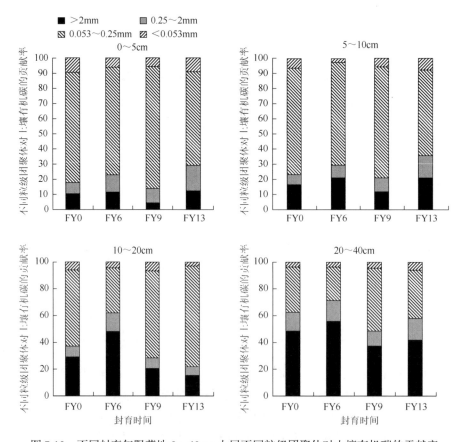

图 7-10　不同封育年限草地 0～40cm 土层不同粒级团聚体对土壤有机碳的贡献率

土壤有机碳储量与植物有机碳储量相关性分析。0～40cm 土层土壤有机碳储量与植物有机碳储量的相关性如图 7-11 所示，0～40cm 土层土壤有机碳储量与枯落物有机碳储量呈极显著负相关（$P<0.01$），与地上生物量、植物地上部有机碳储量、植物根系有机碳储量相关性不显著（$P>0.05$）。

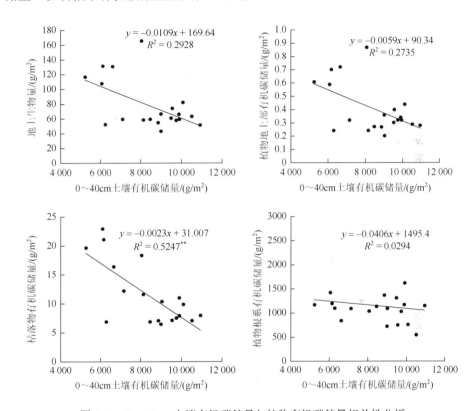

图 7-11　0～40cm 土壤有机碳储量与植物有机碳储量相关性分析

3. 不同封育年限荒漠草原植物-土壤有机碳储量的变化

由图 7-12 可知，0～40cm 土层土壤有机碳储量对不同封育年限及未封育草地总有机碳储量的贡献最大，高达 90%以上；其次是根系，贡献率为 4.72%～6.49%，植物地上部和枯落物有机碳储量对荒漠草原生态系统总有机碳储量的贡献较小，且随封育时间的延长变化较为平稳。不同封育年限荒漠草原总有机碳储量的变化表现为 FY6>FY13>FY0>FY9，封育 9 年的草地总有机碳储量为 6961.24g/m²，显著低于未封育及封育 6 年、13 年的草地（$P<0.05$），封育 6 年、13 年及未封育草地之间差异不显著（$P>0.05$）。不同封育年限及未封育草地生态系统总有机碳储量的来源为土壤>植物根系>植物地上部>枯落物。

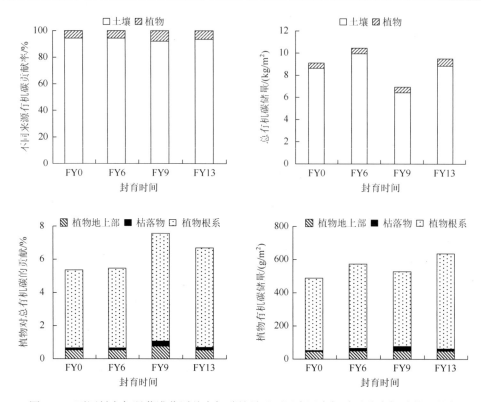

图 7-12　不同封育年限荒漠草原总有机碳储量及不同来源有机碳对总有机碳的贡献率

7.3　讨　　论

7.3.1　不同封育年限荒漠草原植物群落特征及其稳定性的变化

　　自然界的植物群落空间分布是植物与环境相互作用的产物（苗静等，2015）。禁牧影响草地生态过程及养分循环，进而对草地植物群落的演替进程产生影响，也决定了草地生态系统的演替方向、发育速度及产出功能（赵哈林等，2004）。禁牧封育措施在一定程度上改善了荒漠草原植物群落结构，然而，由于宁夏东部风沙区干旱多风的气候，加上沙源丰富的沙质地表，自然环境较为严酷，随封育时间的延长，荒漠草原植被盖度和群落密度并没有显著变化（P＞0.05）。草群高度、生物量及枯落物累积量均随封育年限的延长呈先增加后降低的趋势，封育9年的草地显著高于未封育及封育6年和13年的草地，这主要是由于封育9年的草地蒙古冰草优势地位明显，其疏丛、直立的形态特征对草层高度及群落生物量具有一定的贡献。毛绍娟等（2015）对藏北高寒草原群落维持性能与封育年限之间的响应关系的研究表明，封育区能够供植物生长利用的资源十分有限，特别是在干旱半干旱区，随着封育时间的延长，草地植被生物量并不会呈无限制增加的趋势。

草地生态系统的退化或恢复伴随着植物群落的逆向或正向演替，禁牧封育改变了退化草地植物群落的物种组成和结构（张洪生等，2010）。荒漠草原自然恢复演替过程中群落物种组成变化不明显，但物种优势地位改变，未封育草地和封育6 年的草地，猪毛蒿、瘤果虫实等一年生草本植物比例较大，随封育年限的延长，物种数量特征发生变化，多年生草本植物在群落中的比例加大。可能的原因是，研究区地处毛乌素沙地南缘，土壤组成以砂粒为主，环境脆弱，风蚀作用强烈，景观异质性较高，植被恢复演替表现出其特有的轨迹。封育初期，随草地微生境的改善，在水分允许的条件下，一年生植物发育良好，随着封育年限的延长，草地生态系统趋于稳定，多年生植物所占比例增加。封育消除了放牧家畜践踏和选择性采食对草地的影响，组成群落的各种植物种内、种间关系改变，植被发生正向演替，在此过程中植物种类组成变化不明显，主要表现为各个植物群落学作用的消长（李军保，2008）。群落相似性系数能够更清楚地表明群落内或群落间异质性的大小及其对物种的影响，能够准确判断出两个群落之间的相似程度（徐广平等，2006）。胡玉昆等（2009）对不同封育年限高寒草地植物群落演替的分析结果表明：退化草地自然恢复演替过程中，植物种类增加或减少幅度较小，各封育年限草地之间具有较高的群落相似性。本研究在考虑不同物种个体占整个群落个体数量比例的情况下，表明不同封育年限草地之间的群落相似性系数变化较大，虽然不同封育年限草地之间物种替代率较低，但各物种个体数量在整个群落个体数量中的比例变化较为明显，尤其是在植被自然恢复演替的初期，因而，草地不同恢复阶段群落相似性系数较低。

物种多样性是呈现植被组织水平的生态学基础，能够直接体现植物群落功能的复杂性，集中展现群落的结构特点、生境差异和发展阶段（樊江文，1997）。随封育年限的延长，荒漠草原物种丰富度指数、Shannon-Wiener 指数和 Simpson 指数总体呈先下降后上升的非线性变化趋势，封育9 年的草地显著低于未封育、封育6 年和 13 年的草地（$P<0.05$），Pielou 均匀度指数各封育年限草地之间差异不显著（$P>0.05$）。以往的研究表明，退化草地自然恢复演替过程中，物种多样性并没有随封育年限的增加表现为增加的趋势，而是呈现波动性变化（李中林等，2015）。

植物群落的稳定性可反映植物的种间竞争及群落抵抗环境压力和人为扰动的能力。不同封育年限荒漠草原植物群落的稳定性表现为：封育9 年草地＞未封育草地＞封育 13 年草地＞封育 6 年草地，表明在一定时期内封育措施有利于荒漠草原植物群落向更为稳定的方向演替，但放牧本身是一把"双刃剑"，过度放牧引起草地退化，合理放牧则是改良草地的重要手段，因此，草地封育不应是无限期的禁牧。沈艳等（2015）对未封育、封育 1 年、封育 3 年、封育 5 年和封育 7 年的荒漠草原植物群落稳定性的研究表明，封育 5 年和封育 7 年的草地植被群落稳定性相对较好。王黎黎等（2011）认为封育可提高草地植物物种多样性，使群落组成趋于稳定，是草场恢复和重建的有效措施，但长期、完全的封育并不利于植被恢复和群落稳定。

7.3.2　不同封育年限荒漠草原土壤团聚体组成的变化

　　土壤团聚体能够有效削弱有机碳矿化分解作用，有利于保持土壤结构的稳定性（王国会等，2017）。了解和研究土壤团聚体形成与稳定机制，对于土壤有机碳库的调控和有效控制土壤侵蚀具有重要的意义（王清奎和汪思龙，2005）。从土壤干筛团聚体组成和分布看，不同封育年限草地及未封育草地土壤＞0.25mm 干筛团聚体含量随土层的加深而增加，土壤结构趋于稳定。这与盐池县荒漠草原自身的土壤特性及所处环境有关，该地区土壤结构松散，表层易受大风侵蚀，结构容易遭到破坏，大团聚体含量较低，土壤稳定性较弱。同一土层，＞0.25mm 土壤干筛团聚体含量随封育时间的延长，表现出上升-下降-上升的变化趋势。安韶山等（2008）对黄土丘陵区团聚体分形特征及其对植被恢复的响应研究表明，在恢复初期，在 0～20cm 和 20～40cm 土层，＞10mm 粒级土壤团聚体含量较高，随着恢复年限的增加，＞1mm 的不同粒级土壤团聚体含量下降不明显。也有研究表明，随草地自然恢复，＞2mm 粒级的土壤团聚体含量增加明显，土壤颗粒逐渐向大团聚体聚集，土壤结构逐步改善；植物枯枝落叶长期聚集在土壤表层，土壤可供微生物生命活动的能量得以充分保证，有助于促进土壤表层的微生物活性和土壤大团聚体的形成，土壤稳定性增强（Cambardella and Elliott，1992；李侠，2014）。土壤湿筛团聚体能够充分反映土壤抗侵蚀能力，是评价土壤水稳性的主要因子（潘树林等，2011）。不同封育年限及未封育草地各土层土壤水稳性团聚体都以＜0.25mm 粒级的含量最高。随封育时间的延长，0～20cm 各土层＜0.25mm 粒级水稳性团聚体含量呈现出先降低后增加的趋势，表明在一定时期内实施封育措施，由于草地植被的恢复，地表盖度及枯落物等增加，促进了土壤结构的改善，土壤水稳性及抗侵蚀能力增强。以往的研究表明，随着退化生态系统植被的恢复演替，土壤结构逐渐得到改善，土壤大粒级水稳性团聚体含量逐渐增加（杨建国等，2006）。

　　土壤团聚体平均重量直径（MWD）体现了团聚体的分布与稳定（陈永顺，2016）。荒漠草原土壤 MWD 和团聚体破坏率随封育年限的增加呈现规律性变化；各封育年限草地 MWD 较低，特别是湿筛 MWD 较干筛 MWD 显著降低，除封育 13 年的草地 20～40cm 土层外，团聚体破坏率均在 50%以上，土壤抗侵蚀能力较差。王甜等（2017）对内蒙古不同类型草原土壤团聚体含量分配及其稳定性的研究表明，荒漠草原土壤团聚体的 MWD 没有明显的变化规律。赵勇钢等（2009）对云雾山半干旱典型草原区封育草地土壤结构特征的研究表明，封育草地土壤的 MWD 显著大于坡耕地。

7.3.3　不同封育年限荒漠草原植物-土壤有机碳含量的变化

碳是组成植物体的结构性物质，草地生态系统功能的正常发挥受植物体内有机碳含量的影响（熊坤等，2015）。随封育时间的延长，荒漠草原植物地上部有机碳含量及储量都表现为先增加后降低的趋势，而根系则呈上升-下降-上升的波动变化。敖伊敏等（2011）对内蒙古典型草原不同封育年限植被有机碳的研究表明，植物有机碳储量起初随封育时间的增加而增加，14 年后，则随封育时间的延长又有降低的趋势。韩丛丛等（2017）对封育荒漠草原植物化学计量特征的研究表明：封育草地植物优势种地上部有机碳含量显著高于未围封草地。饶丽仙（2017）对宁夏典型草原不同退耕年限草地植物-土壤生态化学计量的研究表明，优势植物的地上部有机碳含量随着退耕时间的延长而降低。枯落物是植被与土壤界面之间的重要介质，对于调控地上-地下生态过程起着关键作用（程曼，2015），植被枯落物的累积与分解是草地生态系统物质循环过程的重要组成部分（魏晓凤，2013）。枯落物有机碳含量直接影响土壤的有机碳输入，对于维持土壤养分稳定、发挥土壤功能具有重要意义（陈玉平等，2012）。随着封育时间的延长，植被枯落物有机碳储量呈先增加后降低的趋势，以封育 9 年的草地最高，主要是由于封育 9 年的草地地上生物量及枯落物积累量均较未封育及封育 6 年、13 年的草地高。胡向敏等（2014）对不同放牧制度下短花针茅荒漠草原生态系统碳储量的研究表明，围栏禁牧较划区轮牧和自由放牧更利于植被有机碳储量积累。李文等（2016）对不同放牧管理模式高寒草甸有机碳、全氮储量的研究表明，禁牧和全生长季休牧可以显著提高高寒草甸的植被有机碳储量。

土壤有机碳能够指示土地荒漠化的程度，土壤物理、化学和生物学性质与土壤有机碳含量密切相关（程淑兰等，2004）。不同封育年限荒漠草原 0～40cm 各土层土壤有机碳含量总体表现为随土层深度的增加而增加。这与张月鲜等（2011）对内蒙古短花针茅荒漠草原土壤有机质的研究结果相反。土壤有机碳含量受动植物残体的输入、土壤矿化速率及气候等因素的综合影响（Agren et al.，1996）。通常情况下表层土壤由于能够接收到地表的植物枯落物，且富集植物根系、动植物以及微生物残体，有机质来源丰富。然而，宁夏东部风沙区荒漠草原由于植被盖度低，地表枯落物相对较少，加之沙质土壤，多大风天气，风蚀现象严重，伴随着土壤细颗粒的吹蚀，表层土壤有机碳损失，导致 0～10cm 土层有机碳含量较低。随着草地自然恢复演替，土壤有机碳储量呈波动变化，以封育 6 年的草地最高，封育 9 年的草地降至最低，至封育 13 年的草地土壤有机碳储量又有所上升。以往的研究表明，围封有利于不同类型退化草地植被的恢复以及土壤有机碳的积累，但并不是封育时间越长有机碳含量越高（范月君等，2012；王春燕等，2014）。因此，根据封育草地生态效应及生产能力的动态变化，应适时考虑通过轮牧、季节性放牧等方式合理利用。

土壤有机碳的储存、分解和转化与团聚体关系密切，团聚体对土壤有机碳具有重要的物理保护作用，研究不同粒级团聚体中有机碳的分布有助于了解和掌握土壤有机碳的动态变化（马瑞萍等，2013）。荒漠草原实施围栏封育后，草地植被得到有效恢复，土壤团聚体稳定性显著增强（苏静，2005）。不同封育年限及未封育草地土壤均以＜0.053mm 团聚体有机碳含量最高，这主要是由于该粒级属粉＋黏团聚体，较小的颗粒具有相对较大的表面积，可提供相对多的离子交换场所吸附有机碳，对有机碳具有物理保护作用（Bandyopadhyay et al.，2010）。也有研究表明，有机碳在团聚体之间转化的过程中，微团聚体能够比大团聚体中的有机碳形成得更早，而且可以储存更多的有机碳，植被恢复能有效提高土壤团聚体碳的含量（赵世伟等，2006）。随着土层加深，除＜0.053mm 粒级团聚体外，不同封育年限及未封育草地各粒级团聚体有机碳含量总体呈增加趋势，尤其 20~40cm 土层深度，＞2mm 粒级团聚体对有机碳的贡献率明显增大，这是因为随着土层加深，＞2mm 粒级团聚体含量逐渐增加，加之 20~40cm 土层不易受气候、人为等因素干扰，故深层土壤团聚体有机碳较表层土壤更加稳定。

草地碳库主要由土壤、植物地上部、地下根系和枯落物 4 部分组成，尤其土壤和植物根系是草地生态系统碳的重要储存库。植物碳是草地生态系统运行的物质基础和能量来源，有利于提升土壤的固碳潜力和有机碳的累积，枯落物作为草地生态系统碳储量的一个重要"库源"，其分解速率关系到草地生态系统碳截留的多寡，对土壤碳储量产生直接影响（王忆慧等，2015；Gang et al.，2011）。植物根系是地上、地下生物过程联系的重要纽带，植物根系的增加对提高草地植被碳储量、增加草地生态系统碳汇功能具有重要意义（吴伊波和崔骁勇，2009）。封育促进草地营养循环和植被的恢复与更新，进而通过影响土壤系统促使整个草地生态系统的全面恢复。荒漠草原生态系统实施封育措施后，总碳储量、植物根系碳储量、土壤碳储量有所提高，但至封育 9 年又有所降低；从有机碳来源看，土壤和植物根系对荒漠草原总碳储量的贡献最大。李玉洁（2013）对休牧的贝加尔针茅草原群落植物多样性和有机碳储量的研究表明：休牧的贝加尔针茅草原植物地上部有机碳储量、枯落物有机碳储量、根系有机碳储量、土壤有机碳储量以及总碳储量均随休牧年限的延长逐渐增加；不同来源有机碳对草地总碳储量的贡献率由大到小为：土壤＞植物根系＞植物地上部＞枯落物。

7.4　小　　结

随封育年限的延长，宁夏荒漠草原植被高度、地上地下生物量及枯落物积累量呈先上升后下降的趋势，物种优势地位改变，多年生植物在群落中的比例加大，物种丰富度指数、Shannon-Wiener 指数和 Simpson 指数总体呈先下降后上升的变化趋势，封育 9 年的草地植物群落稳定性较好。

随恢复年限的延长，土壤机械团聚体颗粒向大团聚体聚集，土壤结构改善。不同封育年限草地各土层水稳性团聚体均以<0.25mm 为优势粒径，10～20cm 和 20～40cm 土层<0.25mm 粒级水稳性团聚体含量均以封育 9 年的草地最高。团聚体 MWD 随封育年限的增加总体呈先下降后上升的趋势，以封育 9 年的草地较低，团聚体破坏率则以封育 9 年的草地较高；各封育年限草地随土层的加深，>0.25mm 粒级土壤机械团聚体和水稳性团聚体、干筛 MWD 和湿筛 MWD 总体增加，团聚体破坏率呈波动性降低。

随封育时间的延长，荒漠草原植物地上部、枯落物有机碳含量及储量均表现为先增加后降低的趋势，封育 9 年达到最高；根系有机碳储量则随封育年限的延长呈上升-下降-上升的波动变化。

土壤有机碳及总有机碳储量随封育年限的增加呈上升-下降-上升的波动变化，以封育 9 年的草地最低；团聚体有机碳以<0.053mm 粒级团聚体有机碳含量最高，0.053～0.25mm 粒级对团聚体有机碳的贡献率最大，随土层加深，大团聚体对土壤有机碳的贡献率增大。不同碳源对荒漠草原生态系统总有机碳储量的贡献为：土壤>植物根系>植物地上部>枯落物。

综上所述，围栏封育促进了荒漠草原生态系统植被-土壤的恢复。在本研究所做处理中，结合植物群落结构、植物-土壤系统有机碳的变化，封育 9 年后的草地可以考虑适度利用。

参 考 文 献

安韶山，张扬，郑粉莉. 2008. 黄土丘陵区土壤团聚体分形特征及其对植被恢复的响应. 中国水土保持科学，1（2）：66～70

敖伊敏，焦燕，徐柱. 2011. 典型草原不同围封年限植被-土壤系统碳氮贮量的变化. 生态环境学报，20（10）：1403～1410

宝音贺希格，高福光，姚继明，等. 2011. 内蒙古退化草地的不同改良措施. 畜牧与饲料科学，32（3）：38～41

陈永顺. 2016. 亚热带不同人工林土壤团聚体稳定性特征研究. 安徽农学通报，22（16）：50

陈玉平，吴佳斌，张曼，等. 2012. 枯落物处理对森林土壤碳氮转化过程影响研究综述. 亚热带资源与环境学报，7（2）：84～94

程曼. 2015. 黄土丘陵区典型植物枯落物分解对土壤有机碳、氮转化及微生物多样性的影响. 杨凌：西北农林科技

大学硕士学位论文

程淑兰, 欧阳华, 牛海山, 等. 2004. 荒漠化重建地区土壤有机碳动态研究. 水土保持学报, 18 (3): 74～77

董乙强, 孙宗玖, 安沙舟. 2018. 放牧和禁牧影响草地物种多样性和有机碳库的途径. 中国草地学报, 40 (1): 105～114

樊江文. 1997. 在不同压力和干扰条件下鸭茅和黑麦草的竞争研究. 草业学报, (3): 23～31

范月君, 侯向阳, 石红霄, 等. 2012. 封育与放牧对三江源区高寒草甸植物和土壤碳储量的影响. 草原与草坪, 32 (5): 41～46

韩丛丛, 杨阳, 刘秉儒, 等. 2017. 围封年限对荒漠草原土壤有机碳、全氮、全磷与微生物量碳、氮等的影响. 江苏农业科学, 45 (16): 260～263

胡向敏, 侯向阳, 丁勇, 等. 2014. 不同放牧制度下短花针茅荒漠草原生态系统碳储量动态. 中国草地学报, 36 (5): 6～11

胡玉昆, 高国刚, 李凯辉, 等. 2009. 巴音布鲁克草原不同围封年限高寒草地植物群落演替分析. 冰川冻土, 31 (6): 1186～1194

李军保. 2008. 围封对昭苏马场春秋草场植被和土壤的影响. 乌鲁木齐: 新疆农业大学硕士学位论文

李文, 曹文侠, 师尚礼, 等. 2016. 放牧管理模式对高寒草甸生态系统有机碳、氮储量特征的影响. 草业学报, 25 (11): 25～33

李侠. 2014. 封育对宁夏荒漠草原土壤有机碳及团聚体稳定性的影响. 银川: 宁夏大学硕士学位论文

李玉洁. 2013. 休牧对贝加尔针茅草原群落植物多样性和有机碳储量的影响. 沈阳: 沈阳农业大学硕士学位论文

李中林, 秦卫华, 周守标, 等. 2015. 短期围栏封育对红松洼自然保护区群落数量特征的影响. 草地学报, 23 (1): 21～26

刘小丹, 张克斌, 王晓, 等. 2015. 围封年限对沙化草地群落结构及物种多样性的影响. 水土保持通报, 35 (3): 39～43

马瑞萍, 刘雷, 安韶山, 等. 2013. 黄土丘陵区不同植被群落土壤团聚体有机碳及其组分的分布. 中国生态农业学报, 21 (3): 324～332

毛绍娟, 吴启华, 祝景彬, 等. 2015. 藏北高寒草原群落维持性能对封育年限的响应. 草业学报, 24 (1): 21～30

苗静, 张克斌, 刘小丹, 等. 2015. 宁夏盐池封育草地植被群落多样性及其与环境关系的典范对应分析. 生态环境学报, (5): 762～766

潘树林, 辜彬, 杨晓亮. 2011. 土壤抗蚀性及评价研究进展. 宜宾学院学报, 11 (12): 101～104

饶丽仙. 2017. 宁夏典型草原区退耕草地优势植物及土壤 C、N、P 生态化学计量学特征研究. 银川: 宁夏大学硕士学位论文

沈艳, 马红彬, 赵菲, 等. 2015. 荒漠草原土壤养分和植物群落稳定性对不同管理方式的响应. 草地学报, 23 (2): 264～270

苏静. 2005. 宁南地区植被恢复对土壤团聚体稳定性及碳库的影响. 杨凌: 西北农林科技大学硕士学位论文

孙权. 2004. 农业资源与环境质量分析方法. 银川: 宁夏人民出版社

王春燕, 张晋京, 吕瑜良, 等. 2014. 长期封育对内蒙古羊草草地土壤有机碳组分的影响. 草业学报, 23 (5): 31～39

王冠琪, 张克斌, 程中秋, 等. 2012. 宁夏盐池荒漠草原植物的生态位研究. 甘肃农业大学学报, 47 (4): 90～95

王国会. 2017. 不同封育年限荒漠草原土壤有机碳矿化特征. 银川: 宁夏大学硕士学位论文

王国会, 王建军, 陶利波, 等. 2017. 围封对宁夏荒漠草原土壤团聚体组成及其稳定性的影响. 草地学报, 25 (1): 76～81

王蕾, 许冬梅, 张晶晶. 2012. 封育对荒漠草原植物群落组成和物种多样性的影响. 草业科学, 29 (10): 1512～1516

王黎黎, 张克斌, 程中秋, 等. 2011. 围栏封育对半干旱区植物群落稳定性的影响. 甘肃农业大学学报, 46 (5):

86～90

王清奎，汪思龙. 2005. 土壤团聚体形成与稳定机制及影响因素. 土壤通报，36（3）：415～421

王甜，徐姗，赵梦颖，等. 2017. 内蒙古不同类型草原土壤团聚体含量的分配及其稳定性. 植物生态学报，41（11）：1168～1176

王忆慧，龚吉蕊，刘敏，等. 2015. 草地利用方式对土壤呼吸和凋落物分解的影响. 植物生态学报，39（3）：239～248

魏晓凤. 2013. 松嫩草地不同放牧强度下植物物种枯落物分解的变化规律研究. 长春：东北师范大学硕士学位论文

吴伊波，崔骁勇. 2009. 草地植物根系碳储量和碳流转对 CO_2 浓度升高的响应. 生态学报，29（1）：378～388

熊坤，金美伶，于婷，等. 2015. 不同放牧梯度上典型草原植物碳氮磷化学计量特征. 绿色科技，（7）：4～7

徐广平，张德罡，徐长林，等. 2006. 东祁连山高寒草地不同生境类型植物群落 α 及 β 多样性的初步研究. 草业科学，23（6）：1～5

许冬梅，许新忠，王国会，等. 2017. 宁夏荒漠草原自然恢复演替过程中土壤有机碳及其分布的变化. 草业学报，26（8）：35～42

杨合龙，孙宗玖，陈玉萍. 2015. 封育年限对伊犁绢蒿荒漠群落特征及草场质量的影响. 草地学报，23（2）：252～257

杨建国，安韶山，郑粉莉. 2006. 宁南山区植被自然恢复中土壤团聚体特征及其与土壤性质关系. 水土保持学报，20（1）：72～75

张洪生，邵新庆，刘贵河，等. 2010. 围封、浅耕翻改良技术对退化羊草地植被恢复的影响. 草地学报，18（3）：339～344

张蕊，李飞，王媛，等. 2018. 三江源区退化天然草地和人工草地生物量碳密度特征. 自然资源学报，33（2）：185～194

张月鲜，李素艳，孙向阳，等. 2011. 荒漠草原土壤有机质碳稳定同位素特征研究. 水土保持学报，25（3）：164～168

赵哈林，张铜会，赵学勇，等. 2004. 放牧对沙质草地生态系统组分的影响. 应用生态学报，15（3）：420～424

赵世伟，苏静，吴金水，等. 2006. 子午岭植被恢复过程中土壤团聚体有机碳含量的变化. 水土保持学报，20（3）：114～117

赵勇钢，赵世伟，华娟，等. 2009. 半干旱典型草原区封育草地土壤结构特征研究. 草地学报，17（1）：106～112

郑元润. 2000. 森林群落稳定性研究方法初探. 林业科学，36（5）：28～32

Agren G I，Bosatta E，Balesdent J. 1996. Isotope discrimination during decomposition of organic matter: a theoretical analysis. Soil Science Society of American Journal，60（4）：1126～1134

Bandyopadhyay P K，Saha S，Mani P K，et al. 2010. Effect of organic inputs on aggregate associated organic carbon concentration under long-term rice-wheat cropping system. Geoderma，154（3/4）：379～386

Cambardella C A，Elliott E T. 1992. Particulate soil organic matter change across a grassland cultivation sequence. Soil Science Society of America Journal，56（3）：777～783

Gang C，Zhang J，Li J. 2011. The advances in the carbon source/sink researches of typical grassland ecosystem in China. Procedia Environmental Sciences，10：1646～1653

第8章　不同恢复措施荒漠草原土壤的碳氮特征

　　土壤圈是构成自然环境的五大圈之一，是与人类关系最密切的一种环境要素。土壤可以为植物生长提供各种营养元素，土壤中有机碳和氮元素的含量可以直观地反映土壤肥力的高低，是草地土壤质量和草地健康评价的重要指标之一（阿穆拉等，2011；乔有明等，2009；杨成德等，2014），并且直接影响草地的生产力（Meng et al.，2009）。土壤是陆地生态系统中储量最大的碳库，有机碳储量为1400～1500Pg[①]，是大气碳储量的2倍，植物碳储量的3倍（苏艳华，2008）。全球草地总碳储量约为308Pg，其中约92%储存在土壤中（Schuma et al.，2002）；中国草地总碳储量为28.95Pg，其中约94%储存于土壤中（白永飞和陈世苹，2018）。草地土壤碳氮储量的增加，对改善全球碳氮循环、缓解全球气候变化具有重要价值（周恒等，2015；杨帆等，2016）。掌握碳氮储量的变化特征及其与土地沙漠化的关系，对于维系土壤质量、保护生态环境等具有重要作用，也有利于揭示沙漠化对土壤肥力的影响机制（Zhao et al.，2006；Al-Kaisi et al.，2005；Kelly and Lauenroth，1996）。土壤碳氮循环是生态系统的重要功能过程，二者相互作用、相互影响，共同调节和维持着生态系统的生产力与稳定性，并且与全球变化密切相关（Luo et al.，2006）。

　　草地生态系统是陆地生态系统的主要类型之一，对全球生态环境和生物多样性保护具有重要作用（章祖同，2004）。其生物地球化学过程可调节大气碳平衡，影响区域气候变化及全球碳循环过程。草地土壤作为草地生态系统的重要组成部分，在全球碳循环中具有源、汇、库的作用。我国草地资源丰富，拥有各类天然草地近4亿 hm²，占国土面积的41.7%，是面积最大的绿色生态屏障（Conant and Paustian，2002；安耕和王天河，2011）。

　　荒漠草原是宁夏天然草地的主体类型，在区域经济发展和生态安全维护中具有重要地位。然而，由于自然环境的敏感脆弱性，加之人类过度干扰，草地退化、沙化严重，导致植被发生逆向演替，土壤粗粒化、碳氮等养分损失加剧（杨阳和刘秉儒，2015；毛思慧等，2014）。随着国家退牧还草等政策的实施，近年来，在宁夏荒漠草原区通过围栏封育、天然草地补播及人工柠条林建植等措施，促进了退化草地生态系统的恢复，植物群落结构及土壤性状得以改善（许冬梅等，2017；

---

　① 1Pg = 1×10¹⁵g

陶利波等，2018；陈晶，2015）。本研究以不同恢复措施处理的荒漠草原为对象，研究不同恢复措施荒漠草原土壤团聚体组成、土壤有机碳、全氮及其组分含量与分布等，分析不同恢复措施草地土壤碳氮储量等的差异，结果可为正确认识和评估不同恢复措施对荒漠草原碳、氮循环的影响提供依据，对宁夏荒漠草原区生态环境建设具有重要意义。

8.1　研　究　方　法

8.1.1　试验设计

在研究区选择退化程度一致、地势较为平坦的草地。于 2014 年 6 月采用随机区组设计（区组间隔 6m），设置封育 + 未补播（F）、深翻耕（25cm）+ 补播（S）、浅翻耕（15cm）+ 补播（Q）、免耕 + 补播（M）4 个恢复措施，每个处理 3 个重复小区，小区面积为 4m×20m，小区间距为 3m。补播组合为蒙古冰草 + 沙打旺（*Astragalus adsurgens*），播种量 22.5kg/hm^2（蒙古冰草 15kg/hm^2、沙打旺 7.5kg/hm^2），播种方式为条播，行距 50cm。同时，以传统放牧草地为对照（CK），共 5 个处理。不同恢复措施荒漠草原植被情况见表 8-1。

表 8-1　不同恢复措施荒漠草原植被情况

处理	优势物种	植被盖度/%	地上生物量/(g/m^2)	物种多样性指数
CK	中亚白草、赖草、猪毛蒿	42.0	55.5	1.43
S	蒙古冰草、沙打旺、刺蓬	53.7	98.5	2.54
Q	蒙古冰草、沙打旺、牛枝子	69.0	82.4	2.61
M	蒙古冰草、沙打旺、瘤果虫实	37.0	77.1	2.10
F	中亚白草、瘤果虫实、牛枝子	59.3	87.2	1.56

8.1.2　样品采集及处理

2017 年 8 月初，在每个小区内采用多点混合法分别采集 0～10cm、10～20cm、20～30cm 和 30～40cm 土壤样品，去除杂物及植物根系、枯落物等，带回实验室，于室内风干、研磨，分别过 0.149mm 和 2mm 筛，保存于密封袋内，用于土壤有机碳和全氮的测定。挖取土壤剖面，用环刀分层采集土壤样品，用于土壤容重的测定；同时，采集原状土，用于土壤团聚体的测定。

8.1.3 样品测定项目及方法

1. 土壤颗粒组成、水分、容重和田间持水量的测定

土壤颗粒组成、水分、容重和田间持水量的测定同第 4 章、第 7 章。

2. 土壤团聚体的测定

土壤团聚体的测定同第 7 章。

3. 有机碳及全氮的测定及碳氮储量的计算

有机碳及全氮的测定及碳氮储量的计算同第 7 章。

不同恢复措施荒漠草原土壤物理性质见表 8-2。

表 8-2 不同恢复措施荒漠草原土壤物理性质

指标	土层深度/cm	CK	S	Q	M	F
容重/(g/cm²)	0~10	1.49±0.03ᵃ	1.46±0.01ᵃ	1.48±0.01ᵃ	1.52±0.03ᵃ	1.50±0.02ᵃ
	10~20	1.52±0.02ᵃᵇ	1.55±0.02ᵃ	1.39±0.03ᶜ	1.47±0.02ᵇ	1.51±0.02ᵃᵇ
	20~30	1.52±0.02ᵃ	1.50±0.03ᵃ	1.36±0.02ᵇ	1.50±0.04ᵃ	1.45±0.04ᵃᵇ
	30~40	1.51±0.03ᵃ	1.42±0.04ᵃ	1.41±0.04ᵃ	1.43±0.03ᵃ	1.41±0.06ᵃ
含水量/%	0~10	3.87±0.10ᵇ	7.72±0.06ᵃ	8.10±0.04ᵃ	7.60±0.11ᵃ	2.58±0.04ᵇ
	10~20	3.62±0.06ᶜ	7.86±0.07ᵃ	8.04±0.03ᵃ	5.92±0.09ᵇ	3.31±0.02ᶜ
	20~30	3.48±0.03ᵇ	7.41±0.05ᵃ	7.26±0.05ᵃ	7.34±0.05ᵃ	2.99±0.02ᵇ
	30~40	3.52±0.08ᵇ	7.36±0.05ᵃ	8.17±0.04ᵃ	7.36±0.06ᵃ	2.77±0.04ᵇ
田间持水量/%	0~10	17.11±1.31ᵃ	18.62±0.84ᵃ	18.21±1.17ᵃ	18.43±1.02ᵃ	18.18±1.40ᵃ
	10~20	16.52±0.001ᵇ	18.22±0.002ᵇ	22.66±0.002ᵃ	18.96±0.004ᵇ	18.43±0.003ᵇ
	20~30	17.25±2.76ᵇ	19.29±1.70ᵃᵇ	21.59±0.92ᵃ	18.90±0.65ᵃᵇ	19.82±1.59ᵃᵇ
	30~40	17.41±1.34ᵃ	20.04±1.63ᵃ	20.80±0.80ᵃ	21.11±1.43ᵃ	20.28±1.63ᵃ
黏粉粒含量/%	0~10	26.85±2.25ᶜ	57.48±1.69ᵇ	92.35±3.72ᵃ	59.48±3.82ᵇ	21.15±0.25ᶜ
	10~20	39.72±3.15ᶜᵈ	56.86±6.67ᵇᶜ	90.13±2.84ᶜ	68.61±2.36ᵃᵇ	25.76±3.91ᵈ
	20~30	92.34±1.22ᵃ	92.94±0.13ᵃ	85.43±4.74ᵃ	80.13±5.82ᵃ	36.15±5.90ᵇ
	30~40	96.18±0.43ᵃ	93.71±1.09ᵃ	91.23±0.26ᵃ	87.28±2.23ᵃ	53.86±5.71ᵇ
砂粒含量/%	0~10	73.15±2.25ᵃ	42.52±5.69ᵇ	7.65±3.72ᶜ	40.33±4.83ᵇ	78.85±0.25ᵃ
	10~20	60.28±5.15ᵃᵇ	43.14±4.67ᵇᶜ	9.87±2.84ᵈ	31.39±2.36ᶜᵈ	74.24±3.91ᵃ
	20~30	7.66±1.22ᵇ	7.06±0.13ᵇ	14.57±2.74ᵇ	19.87±3.82ᵇ	63.85±5.90ᵃ
	30~40	3.82±0.43ᵇ	6.29±1.09ᵇ	8.77±0.25ᵇ	12.71±2.23ᵇ	46.14±5.71ᵃ

注：表中不同小写字母表示同一土层不同处理在 0.05 水平差异显著（$P<0.05$）。下同

4. 土壤有机碳氮组分的测定

土壤颗粒有机碳（POC）的测定采用六偏磷酸钠浸提-重铬酸钾外加热法测定（Garten et al., 1999）；水溶性有机碳采用去离子水浸提-重铬酸钾外加热法测定（李忠佩等，2005）；土壤易氧化有机碳（ROC）采用 $KMnO_4$ 氧化-紫外分光光度法测定（徐志红等，2000）。土壤微生物生物量碳（MBC）和微生物生物量氮（MBN）采用氯仿熏蒸-浸提法测定（谢芳等，2008）。硝态氮采用紫外分光光度法测定；铵态氮采用靛酚蓝比色法测定（赵洁和王莉，2011）；土壤碱解氮采用碱解扩散法测定（孙权，2004）。

8.1.4　数据分析

采用 Excel 2010 进行基础数据处理和制图，采用 DPS 9.5 软件进行统计分析，采用 one-way ANOVA 和 Duncan 法进行方差分析和多重比较，采用 R 语言软件进行相关分析。

8.2　结　　果

8.2.1　不同恢复措施荒漠草原土壤结构的变化特征

1. 不同恢复措施荒漠草原土壤干筛团聚体的变化

由表 8-3 可以看出，在不同土层，浅翻耕和深翻耕处理草地＞0.25mm 粒级土壤机械稳定性团聚体含量（$DR_{0.25}$）较高，分别为 57.51%～75.75% 和 47.67%～61.43%。其中，在 0～10cm 和 10～20cm 土层，浅翻耕和深翻耕处理草地的 $DR_{0.25}$ 显著高于放牧草地（$P < 0.05$）。在 30～40cm 土层，浅翻耕处理草地的 $DR_{0.25}$ 显著高于封育草地（$P < 0.05$）。可见，翻耕处理可显著提高荒漠草原土壤的 $DR_{0.25}$。

除浅翻耕草地 10～40cm 各土层外，放牧和其他恢复措施草地 0～40cm 各土层及浅翻耕草地 0～10cm 土层均以＜0.25mm 粒径团聚体含量最高，分布在38.57%～85.45%；2～3mm 粒径团聚体含量最低，仅为 0.25%～1.24%。在 0～10cm 土层，浅翻耕草地 3～5mm、2～3mm、1～2mm 和 0.5～1mm 粒径团聚体含量均显著高于封育草地（$P < 0.05$）；0.25～0.5mm 粒径团聚体含量以深翻耕和浅翻耕草地较高，显著高于免耕、封育和放牧草地（$P < 0.05$）；＜0.25mm 粒径团聚体含量呈现出与 0.25～0.5mm 粒径团聚体含量相反的变化趋势，浅翻耕和深翻耕草地显著低于放牧和封育草地（$P < 0.05$）。在 10～20cm 土层，＞5mm 粒径团聚体含

表8-3 不同恢复措施土壤干筛各粒级团聚体含量

（%）

土层深度/cm	处理	不同粒级团聚体含量							DR$_{0.25}$
		>5mm	3~5mm	2~3mm	1~2mm	0.5~1mm	0.25~0.5mm	<0.25mm	
0~10	CK	8.26±2.22^a	3.83±1.03^{ab}	0.71±0.21^a	3.62±1.42^{bc}	1.78±0.61^{ab}	2.68±0.37^b	79.12±6.13^a	20.88±0.03^b
	S	5.74±1.25^a	3.716±0.72^{ab}	0.58±0.13^{ab}	4.42±1.14^{ab}	2.45±0.71^{ab}	30.76±6.61^a	52.33±5.18^{bc}	47.67±0.05^a
	Q	8.27±1.79^a	5.36±1.16^a	0.77±0.09^a	6.97±0.59^a	3.09±0.47^a	33.06±6.14^a	42.49±4.706^c	57.51±0.02^b
	M	10.40±2.10^a	4.20±0.57^{ab}	0.71±0.06^a	5.86±0.43^{ab}	2.26±0.18^{ab}	2.19±0.14^b	74.37±2.83^{ab}	25.63±0.02^b
	F	7.60±2.71^a	1.63±0.21^b	0.25±0.04^b	1.80±0.28^c	0.98±0.07^b	2.47±0.30^b	85.45±3.63^a	14.55±0.05^b
10~20	CK	10.26±2.62^a	3.52±0.07^{ab}	0.60±0.19^{ab}	3.01±1.01^{bc}	1.19±0.17^b	2.12±0.24^b	79.30±3.59^a	20.70±0.03^b
	S	20.92±3.88^b	4.27±0.78^{ab}	0.65±0.12^{ab}	4.00±0.39^a	1.86±0.13^a	21.11±2.95^a	47.19±5.12^c	52.81±0.08^b
	Q	48.14±4.26^a	5.68±0.78^a	0.73±0.13^a	5.01±0.55^{ab}	2.24±0.27^a	7.60±1.97^b	30.61±4.34^b	69.39±0.09^a
	M	19.47±3.54^a	5.94±1.04^a	0.95±0.14^a	6.42±0.71^a	2.31±0.28^a	2.31±0.34^b	62.59±4.10^c	37.41±0.05^b
	F	10.62±1.33^b	2.94±0.54^b	0.46±0.10^b	2.38±0.51^c	1.15±0.14^b	2.47±0.32^b	79.96±4.39^a	20.04±0.01^b
20~30	CK	13.74±2.38^a	5.57±0.77^a	1.23±0.22^a	6.87±0.41^a	2.14±0.22^a	2.87±0.45^b	67.56±3.98^a	32.44±0.05^{cd}
	S	30.46±4.57^{abc}	4.95±0.73^a	0.56±0.04^c	4.51±0.72^{ab}	1.91±0.48^{ab}	12.28±2.71^a	45.32±6.06^b	54.68±0.09^{ab}
	Q	50.11±4.83^a	6.16±1.08^a	0.83±0.07^{bc}	5.55±0.92^{ab}	3.22±0.95^a	9.88±1.07^{ab}	24.25±4.29^c	75.75±0.02^a
	M	37.31±4.72^a	5.83±0.38^a	1.01±0.06^a	5.89±0.72^a	2.40±0.34^a	2.32±0.17^b	45.23±6.23^b	54.77±0.03^d
	F	23.63±3.06^{bc}	4.32±0.71^a	0.68±0.07^{bc}	3.68±0.54^b	1.43±0.20^b	1.99±0.21^b	64.27±6.52^a	35.73±0.02^d
30~40	CK	28.48±2.64^a	10.57±1.95^a	1.24±0.22^a	9.74±1.35^a	3.95±0.87^b	3.76±0.45^b	42.27±4.71^a	57.73±0.10^{ab}
	S	23.14±2.17^a	8.13±1.37^{ab}	1.06±0.29^a	8.27±1.58^a	7.00±1.62^a	13.84±2.86^a	38.57±5.50^a	61.43±0.11^{ab}
	Q	38.41±2.71^a	7.32±0.90^{ab}	0.96±0.13^a	6.41±0.74^{ab}	2.58±0.22^b	8.74±1.84^{ab}	35.59±2.87^a	64.41±0.01^a
	M	39.59±3.77^a	5.96±0.69^{ab}	1.12±0.17^a	6.28±1.93^{ab}	2.35±0.25^b	2.49±0.33^b	42.22±3.72^a	57.78±0.01^{ab}
	F	28.99±3.75^a	4.47±0.77^b	0.67±0.10^b	3.95±0.75^b	1.65±0.29^b	2.29±0.15^b	57.97±5.34^a	42.03±0.07^b

量以浅翻耕草地最高（$P<0.05$）；3~5mm、2~3mm、1~2mm 和 0.5~1mm 粒径团聚体含量均以免耕草地最高，显著高于封育草地（$P<0.05$）；0.25~0.5mm 粒径团聚体含量以深翻耕草地最高，显著高于放牧和其他恢复措施草地（$P<0.05$）；<0.25mm 粒径团聚体含量与 0.25~0.5mm 粒径团聚体含量变化趋势相反。在 20~30cm 土层，>5mm 和 0.5~1mm 粒径团聚体含量以浅翻耕草地最高，显著高于封育草地（$P<0.05$）；2~3mm 和 1~2mm 粒径团聚体含量以放牧草地最高，显著高于封育草地（$P<0.05$）；0.25~0.5mm 粒径团聚体含量以深翻耕草地最高，显著高于免耕、封育和放牧草地（$P<0.05$）；浅翻耕草地<0.25mm 粒径团聚体含量显著低于放牧和其他恢复措施草地（$P<0.05$）。在 30~40cm 土层，不同处理草地之间>5mm、2~3mm 及<0.25mm 粒径团聚体含量差异均不显著（$P>0.05$），3~5mm 粒径团聚体含量以放牧草地较高，显著高于封育草地（$P<0.05$）；0.5~1mm 和 0.25~0.5mm 粒径团聚体含量均以深翻耕草地最高，显著高于免耕和封育草地（$P<0.05$）。从垂直分布看，随剖面深度的增加，不同恢复措施草地<0.25mm 微团聚体含量总体呈降低趋势。

2. 不同恢复措施荒漠草原土壤水稳性团聚体的变化

由表 8-4 可知，放牧及不同恢复措施草地>0.25mm 粒级土壤水稳性团聚体含量（$WR_{0.25}$）为 2.91%~37.92%，显著低于 $DR_{0.25}$。在 0~10cm 和 30~40cm 土层，放牧和不同恢复措施草地之间 $WR_{0.25}$ 差异不显著（$P>0.05$）；在 10~20cm 和 20~30cm 土层，$WR_{0.25}$ 含量均以浅翻耕草地最高，显著高于放牧和其他恢复措施草地（$P<0.05$）。随剖面深度的增加，各处理草地 $WR_{0.25}$ 逐渐升高，至 30~40cm 土层均达 17.84%以上。

从粒径分布看，不同处理草地各土层水稳性团聚体均以<0.25mm 微团聚体为优势粒径，含量为 62.08%~97.09%，其次是>3mm 和 0.25~0.5mm 粒级，2~3mm 粒径团聚体含量最低，为 0.22%~4.16%。在 0~10cm 土层，各处理草地>3mm 和 0.25~0.5mm 粒级水稳性团聚体含量均以放牧草地最高，显著高于深翻耕和封育草地（$P<0.05$）；2~3mm 和 1~2mm 粒级水稳性团聚体含量以封育草地最低，显著低于免耕草地（$P<0.05$）。在 10~20cm 和 20~30cm 土层，除<0.25mm 粒级水稳性团聚体含量浅翻耕草地显著低于放牧和其他恢复措施草地外（$P<0.05$），其他粒级水稳性团聚体含量均以浅翻耕草地最高或次高。在 30~40cm 土层，>3mm 粒级水稳性团聚体含量以放牧草地最高，显著高于浅翻耕草地（$P<0.05$）；其他各粒级团聚体含量在放牧和不同恢复措施草地之间差异均不显著（$P>0.05$）。结合土壤机械稳定性团聚体和水稳性团聚体组成，对于宁夏荒漠草原，翻耕处理尤其是浅翻耕处理有利于机械稳定性团聚体的形成。

表 8-4 不同恢复措施土壤湿筛各粒级团聚体含量 （%）

土层深度/cm	处理	不同粒级团聚体含量						$WR_{0.25}$
		>3mm	2~3mm	1~2mm	0.5~1mm	0.25~0.5mm	<0.25mm	
0~10	CK	4.45 ± 1.38^a	1.86 ± 0.57^{ab}	2.84 ± 0.93^a	2.13 ± 0.71^a	3.02 ± 0.53^a	85.70 ± 4.06^a	14.30 ± 0.08^a
	S	0.33 ± 0.04^b	0.70 ± 0.14^{ab}	1.02 ± 0.19^a	0.91 ± 0.23^a	0.97 ± 0.04^b	96.08 ± 0.47^a	3.92 ± 0.01^a
	Q	0.39 ± 0.04^b	1.59 ± 0.09^{ab}	3.08 ± 0.32^a	2.12 ± 0.32^a	2.50 ± 0.21^{ab}	90.32 ± 0.83^a	9.68 ± 0.02^a
	M	0.90 ± 0.17^{ab}	2.15 ± 0.18^a	2.55 ± 0.13^a	1.58 ± 0.14^a	1.85 ± 0.08^{ab}	90.97 ± 0.57^a	9.03 ± 0.01^a
	F	0.17 ± 0.03^b	0.22 ± 0.03^b	0.89 ± 0.23^a	0.44 ± 0.09^a	1.20 ± 0.23^b	97.09 ± 0.05^a	2.91 ± 0.01^a
10~20	CK	3.38 ± 0.30^a	1.30 ± 0.41^a	1.82 ± 0.43^b	0.84 ± 0.05^b	1.45 ± 0.07^c	91.22 ± 0.61^a	8.78 ± 0.01^b
	S	0.55 ± 0.10^b	1.36 ± 0.27^a	1.84 ± 0.35^{ab}	1.36 ± 0.11^b	2.15 ± 0.22^{ab}	92.74 ± 0.81^a	7.26 ± 0.02^b
	Q	3.80 ± 0.41^a	2.97 ± 0.797^a	5.60 ± 1.14^a	5.00 ± 0.55^a	5.24 ± 0.13^a	77.39 ± 1.94^b	22.61 ± 0.03^a
	M	1.84 ± 0.32^{ab}	2.42 ± 0.21^a	3.04 ± 0.18^{ab}	2.42 ± 0.06^b	4.11 ± 0.62^{ab}	86.17 ± 0.52^a	13.83 ± 0.01^b
	F	2.13 ± 0.53^{ab}	0.70 ± 0.29^a	1.10 ± 0.39^b	1.37 ± 0.43^b	1.84 ± 0.33^c	92.85 ± 1.84^a	7.15 ± 0.03^b
20~30	CK	3.53 ± 0.91^a	2.77 ± 0.17^{ab}	3.60 ± 0.22^{bc}	2.04 ± 0.21^b	6.39 ± 0.16^{ab}	81.67 ± 2.26^a	18.33 ± 0.04^b
	S	0.65 ± 0.09^a	1.82 ± 0.15^b	2.58 ± 0.16^{bc}	1.59 ± 0.17^b	2.30 ± 0.17^b	91.27 ± 0.70^a	8.73 ± 0.01^b
	Q	6.09 ± 0.88^a	4.16 ± 0.29^a	8.25 ± 0.41^a	9.81 ± 0.88^a	9.61 ± 0.76^a	62.08 ± 1.19^b	37.92 ± 0.02^a
	M	3.35 ± 1.00^a	3.03 ± 0.15^{ab}	4.29 ± 0.26^b	3.08 ± 0.19^b	7.00 ± 0.75^{ab}	79.26 ± 0.71^a	20.74 ± 0.01^b
	F	8.61 ± 2.90^a	1.31 ± 0.33^a	2.28 ± 0.43^c	2.09 ± 0.48^b	2.64 ± 0.53^b	83.08 ± 4.58^a	16.92 ± 0.01^b
30~40	CK	8.70 ± 1.41^a	3.84 ± 0.34^a	4.25 ± 0.59^a	3.70 ± 0.41^a	3.59 ± 0.62^a	75.92 ± 2.57^a	24.08 ± 0.04^a
	S	4.70 ± 1.09^{ab}	2.60 ± 0.26^a	4.46 ± 0.52^a	4.30 ± 0.27^a	4.78 ± 0.33^a	79.16 ± 2.21^a	20.84 ± 0.05^a
	Q	0.83 ± 0.12^b	2.13 ± 0.02^a	4.38 ± 0.29^a	5.35 ± 0.13^a	7.51 ± 0.10^a	79.80 ± 1.40^a	20.20 ± 0.01^a
	M	4.10 ± 1.31^{ab}	3.61 ± 0.31^a	4.67 ± 0.27^a	5.05 ± 0.80^a	6.77 ± 0.71^a	75.81 ± 1.48^a	24.19 ± 0.02^a
	F	3.70 ± 0.92^{ab}	2.50 ± 0.57^a	3.22 ± 0.97^a	4.19 ± 1.16^a	4.22 ± 1.32^a	82.16 ± 4.77^a	17.84 ± 0.09^a

3. 不同恢复措施荒漠草原土壤团聚体重量平均直径（MWD）与几何平均直径（GMD）的变化

如图 8-1 所示，荒漠草原土壤干筛团聚体的 MWD 和 GMD 显著高于湿筛团聚体的 MWD 和 GMD，表明在浸泡作用下大量非水稳性团聚体遭到破坏。在 0～10cm 土层，浅翻耕草地的机械稳定性团聚体 MWD 显著高于放牧草地，GMD 显著高于免耕、封育和放牧草地（$P<0.05$）；土壤水稳性团聚体 MWD 和 GMD 在放牧和不同恢复措施草地之间差异均不显著（$P>0.05$）。在 10～20cm 土层，土壤机械稳定性 MWD、GMD 和水稳性 GMD 的变化趋势基本一致，均以浅翻耕草地最高，显著高于放牧及其他恢复措施草地（$P<0.05$）；土壤水稳性 MWD 也以浅翻耕草地最高，显著高于深翻耕、封育和放牧草地（$P<0.05$）。在 20～30cm 土层，土壤机械稳定性团聚体及水稳性团聚体 MWD、GMD 均以浅翻耕草地最高。在 30～40cm 土层，土壤机械稳定性团聚体的 MWD、GMD 均以浅翻耕草地最高，水稳性团聚体的 MWD、GMD 均以放牧草地最高，变化规律不尽相同。

4. 不同恢复措施荒漠草原土壤团聚体破坏率的变化

如图 8-2 所示，放牧和不同恢复措施草地 0～40cm 各土层土壤团聚体破坏率均较高，为 48.16%～93.60%。在 0～30cm 土层，深翻耕处理草地的团聚体破坏率最高，破坏率分别为 93.60%、83.98% 和 84.81%，其中在 0～10cm 土层，深翻耕草地的破坏率显著高于免耕、封育和放牧草地（$P<0.05$）；在 10～20cm 土层，深翻耕草地的团聚体破坏率显著高于放牧草地（$P<0.05$）；在 20～30cm 土层，深翻耕草地的团聚体破坏率显著高于放牧和其他恢复措施草地（$P<0.05$）。在 30～40cm 土层，各恢复措施草地和放牧草地之间的团聚体破坏率差异不显著（$P>0.05$）。

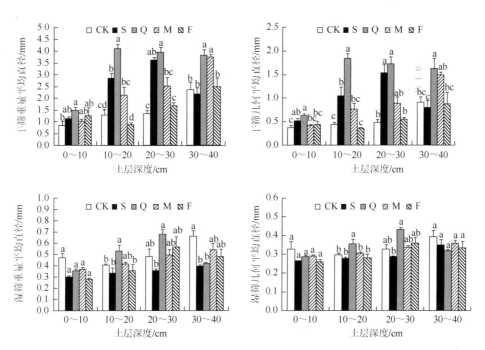

图 8-1　不同恢复措施荒漠草原土壤团聚体平均直径

图中不同小写字母表示同一土层不同处理在 0.05 水平差异显著（$P<0.05$）。下同

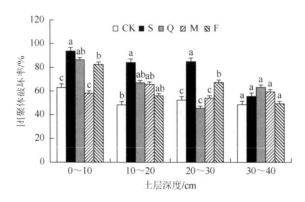

图 8-2　不同恢复措施荒漠草原土壤团聚体破坏率的变化

8.2.2　不同恢复措施荒漠草原土壤有机碳和全氮分布特征

1. 不同恢复措施草地土壤有机碳和全氮含量的剖面分布特征

由图 8-3 可知，在 0~10cm 和 10~20cm 土层，土壤有机碳含量均以浅翻耕处理的草地最高，分别为 7.45g/kg 和 7.25g/kg，显著高于放牧草地、深翻耕草地和封育草地（$P<0.05$）。在 20~30cm 土层，不同处理草地土壤有机碳含量为 5.03~9.93g/kg，以浅翻耕草地和免耕草地土壤有机碳含量较高，显著高于深翻耕草地和封育草地（$P<0.05$）；封育草地土壤有机碳含量最低，显著低于其他恢复措施草地及放牧草地（$P<0.05$）。在 30~40cm 土层，不同处理草地之间土壤有机碳含量差异不显著（$P>0.05$）。从剖面分布看，不同处理草地土壤有机碳含量随土层的加深变化规律不完全一致，但总体表现为 0~10cm 和 10~20cm 土层含量较低，20~30cm 和 30~40cm 土层含量较高。

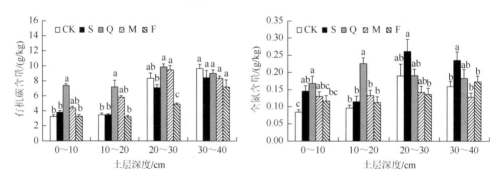

图 8-3　不同恢复措施草地土壤有机碳和全氮含量

在 0~10cm 和 10~20cm 土层，土壤全氮含量均以浅翻耕处理草地最高，分别为 0.17g/kg 和 0.23g/kg；在 0~10cm 土层，浅翻耕草地显著高于封育和放牧草地（$P<0.05$），封育草地与深翻耕及免耕草地之间差异不显著，放牧草地与免耕及封育草地之间差异不显著（$P>0.05$）；在 $10\sim20cm$ 土层，浅翻耕处理草地全氮含量显著高于其他处理（$P<0.05$）。在 $20\sim30cm$ 和 $30\sim40cm$ 土层，土壤全氮含量均以深翻耕处理草地最高，分别为 0.26g/kg 和 0.2g/kg；在 $20\sim30cm$ 土层，深翻耕处理草地全氮含量显著高于封育草地（$P<0.05$）；在 $30\sim40cm$ 土层，深翻耕处理草地全氮含量显著高于放牧、免耕及封育草地（$P<0.05$），浅翻耕、免耕、封育及放牧草地之间差异不显著（$P>0.05$）。从剖面分布看，各处理措施草地 $20\sim40cm$ 土层全氮含量较 $0\sim20cm$ 土层高，其中，深翻耕和放牧草地增加显著（$P<0.05$）。

2. 不同恢复措施草地土壤有机碳和全氮储量

不同恢复措施草地土壤有机碳和全氮储量如图 8-4 所示，可以看出，不同处理草地 $0\sim40cm$ 土层土壤有机碳储量变化为浅翻耕草地＞免耕草地＞深翻耕草地＞放牧草地＞封育草地；其中浅翻耕处理草地土壤有机碳储量为 47.72t/hm²，显著高于封育草地的 27.63t/hm²（$P<0.05$）。$0\sim40cm$ 土层土壤全氮储量表现为浅翻耕草地＞深翻耕草地＞免耕草地＞封育草地＞放牧草地，浅翻耕处理草地全氮储量为 1.09t/hm²，显著高于免耕、封育及放牧草地（$P<0.05$），免耕、封育、放牧及深翻耕处理草地之间差异不显著（$P>0.05$）。从垂直变化看，不同处理草地各土层对 $0\sim40cm$ 土层土壤有机碳及全氮储量的贡献率分别为：$0\sim10cm$ 土层，13.5%~23.1% 和 17.0%~24.6%；$10\sim20cm$ 土层，15.1%~21.8% 和 16.7%~28.9%；$20\sim30cm$ 土层，27.4%~34.3% 和 24.0%~38.0%；$30\sim40cm$ 土层，26.4%~37.1% 和 24.0%~32.5%。总体来看，各处理草地 $20\sim40cm$ 土层对土壤有机碳和全氮储量的贡献率较 $0\sim20cm$ 土层高。

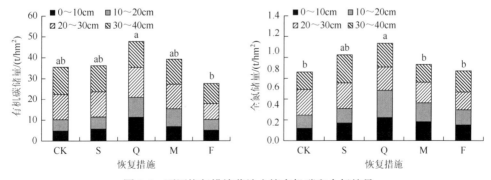

图 8-4　不同恢复措施草地土壤有机碳和全氮储量

3. 不同恢复措施荒漠草原土壤团聚体有机碳的变化

由图 8-5 可以看出，在 $0\sim10cm$ 土层，>2mm、0.25~2mm、0.05~0.25mm、<0.05mm 团聚体有机碳含量均以放牧草地最高，为 0.99~2.41g/kg，其中，>2mm

与<0.05mm 团聚体有机碳含量各恢复措施及放牧草地之间差异不显著（P>0.05）。
0.25～2mm 与 0.05～0.25mm 团聚体有机碳含量以深翻耕草地最低，分别为
0.73g/kg 和 0.54g/kg，显著低于放牧草地（P<0.05），但与浅翻耕、免耕和封育地
之间差异不显著（P>0.05）。

在 10～20cm 土层，>2mm、0.25～2mm、0.05～0.25mm、<0.05mm 团聚体
有机碳含量变化趋势基本一致，均以浅翻耕草地最高，为 1.11～2.77g/kg；封育草
地最低，为 0.49～1.53g/kg；其中，浅翻耕草地>2mm 与<0.05mm 团聚体有机碳
含量显著高于其他恢复措施及放牧草地（P<0.05），其他恢复措施及放牧草地之
间差异不显著（P>0.05）。0.25～2mm 与 0.05～0.25mm 团聚体有机碳含量，浅翻
耕草地显著高于深翻耕、免耕和封育草地（P<0.05）。

在 20～30cm 土层，>2mm、0.25～2mm、0.05～0.25mm 和<0.05mm 团聚体
有机碳含量变化规律明显，均以浅翻耕草地最高，分别为 2.07g/kg、2.09g/kg、
1.80g/kg 和 3.61g/kg，免耕草地次之，放牧和封育草地较低。浅翻耕草地不同粒径
团聚体有机碳含量均显著高于放牧和其他恢复措施草地（P<0.05）。

在 30～40cm 土层，>2mm、0.25～2mm、0.05～0.25mm 和<0.05mm 团聚体
有机碳含量变化较平稳，各恢复措施及放牧草地之间差异不显著（P>0.05）。但
总体来看，均以深翻耕、浅翻耕和免耕草地含量较高，封育及放牧草地含量较低。

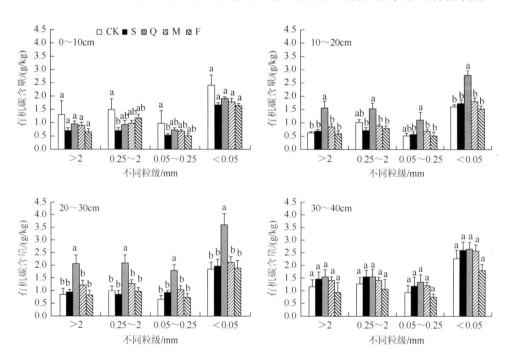

图 8-5　不同恢复措施荒漠草原土壤团聚体有机碳含量

4. 不同粒级团聚体有机碳对全土有机碳的贡献

由图 8-6 可知，不同恢复措施及放牧草地 0~40cm 土层均以<0.05mm 和 0.25~2mm 粒级团聚体对全土有机碳贡献率较高，其贡献率分别为 37.17%~46.74%和 18.21%~26.70%。

在 0~10cm 土层，<0.05mm 粒级团聚体对有机碳的贡献率以免耕和放牧草地较高，显著高于封育草地（$P<0.05$）；0.05~0.25mm 与>2mm 粒级团聚体贡献率均以封育草地最低，0.25~2mm 粒级团聚体贡献率则以封育草地最高。

在 10~20cm 土层，<0.05mm 粒级团聚体对有机碳的贡献率以浅翻耕草地最高，显著高于免耕和封育草地；>2mm 和 0.05~0.25mm 粒级团聚体对有机碳的贡献率分别以浅翻耕和深翻耕草地较高，显著高于放牧和免耕草地（$P<0.05$）；0.25~2mm 粒级团聚体的贡献率以免耕草地最高，显著高于浅翻耕和深翻耕草地（$P<0.05$）。

在 20~30cm 土层，放牧及各恢复措施草地不同粒径团聚体对有机碳的贡献率无明显规律。

在 30~40cm 土层，<0.05mm、0.25~2mm 与>2mm 各粒级团聚体对有机碳的贡献率在不同恢复措施与放牧草地之间差异均不显著（$P>0.05$），0.05~0.25mm 粒级团聚体对有机碳的贡献率以浅翻耕草地最高，为 19.14%，显著高于深翻耕和放牧草地（$P<0.05$）。

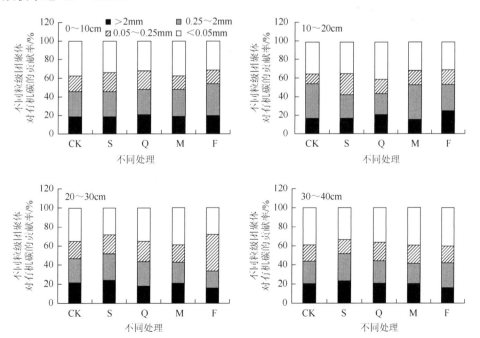

图 8-6　不同恢复措施荒漠草原各粒级团聚体对有机碳的贡献率

5. 不同恢复措施荒漠草原土壤各剖面干筛组分团聚体全氮的变化

由图 8-7 可以看出，在 0～10cm 土层，各粒级团聚体＞2mm、0.25～2mm、0.05～0.25mm 和＜0.05mm 团聚体全氮含量变化趋势基本一致，均以浅翻耕草地最高，分别为 0.13g/kg、0.18g/kg、0.12g/kg 和 0.21g/kg。其中，＞2mm 与＜0.05mm 团聚体全氮含量在各恢复措施草地及放牧草地之间差异不显著（$P>0.05$）。0.25～2mm 团聚体全氮含量以免耕草地最低，为 0.08g/kg，显著低于浅翻耕草地（$P<0.05$）。0.05～0.25mm 团聚体全氮含量以封育草地最低，为 0.06g/kg，显著低于浅翻耕处理草地（$P<0.05$），但与深翻耕、免耕和放牧草地之间差异不显著（$P>0.05$）。

在 10～20cm 土层，＞2mm、0.25～2mm、0.05～0.25mm 和＜0.05mm 团聚体全氮含量变化趋势不尽相同。其中，＞2mm 与＜0.05mm 团聚体全氮含量均以浅翻耕草地最高，分别为 0.14g/kg 和 0.27g/kg，显著高于免耕、封育及放牧草地（$P<0.05$）。0.05～0.25mm 团聚体全氮含量以深翻耕处理草地最高，为 0.14g/kg，显著高于免耕、封育和放牧草地（$P<0.05$）。不同恢复措施及放牧草地之间 0.25～2mm 团聚体全氮含量差异不显著（$P>0.05$）。

在 20～30cm 土层，不同粒级土壤团聚体全氮含量在放牧及各恢复措施草地之间差异均不显著（$P>0.05$），为 0.07～0.22g/kg，其中＞2mm 和 0.25～2mm 团聚体全氮含量均以深翻耕和浅翻耕草地较高，0.05～0.25mm 团聚体全氮含量以封育草地较高，＜0.05mm 团聚体全氮含量以浅翻耕和免耕草地较高。

在 30～40cm 土层，不同恢复措施草地各粒级团聚体全氮含量均以深翻耕草地最高，分别为 0.18g/kg、0.21g/kg、0.11g/kg 和 0.26g/kg。其中，深翻耕草地＞2mm 和 0.25～2mm 团聚体全氮含量显著高于浅翻耕、免耕和封育草地（$P<0.05$）。不同恢复措施及放牧草地之间 0.05～0.25mm 和＜0.05mm 团聚体全氮含量无显著变化（$P>0.05$）。

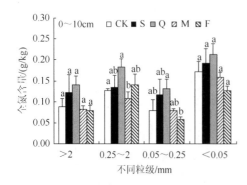
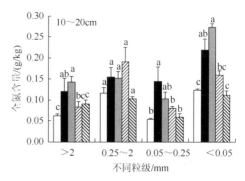

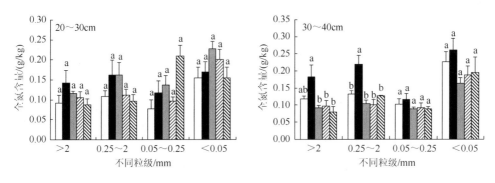

图 8-7 不同恢复措施荒漠草原各粒级团聚体全氮含量

6. 不同粒级团聚体对土壤全氮的贡献

不同粒级团聚体对土壤全氮的贡献率如图 8-8 所示,不同恢复措施及放牧草地 0~40cm 土层各粒级团聚体对土壤全氮的贡献率与土壤有机碳贡献率变化基本一致, 以<0.05mm 和 0.25~2mm 粒级团聚体对土壤全氮的贡献率较高,分别为 28.11%~40.02%和 20.99%~34.65%。

在 0~10cm 土层,<0.05mm 粒级团聚体对全氮的贡献率以深翻耕草地较高,显著高于放牧和封育草地($P<0.05$);0.05~0.25mm 和>2mm 粒级团聚体贡献率以深翻耕草地最高,显著高于封育草地($P<0.05$);封育草地 0.25~2mm 粒级团聚体对全氮的贡献率显著高于其他恢复措施及放牧草地($P<0.05$)。

在 10~20cm 土层,各处理草地之间不同粒级团聚体对全氮的贡献率变化不同,<0.05mm 粒级团聚体对全氮的贡献率以深翻耕草地最高,为 40.76%;0.05~0.25mm 粒级团聚体对全氮的贡献率以浅翻耕草地最高, 为 22.58%;0.25~2mm 粒级团聚体对全氮的贡献率以放牧草地最高;>2mm 粒级团聚体对全氮的贡献率则以浅翻耕草地最高($P<0.05$)。

在 20~30cm 土层,<0.05mm 粒级团聚体对全氮的贡献率以深翻耕和封育草地较高,显著高于其他恢复措施及放牧草地($P<0.05$);0.05~0.25mm 粒级团聚体对全氮的贡献率则以封育草地最低,显著低于其他恢复措施及放牧草地($P<0.05$);0.25~2mm 与>2mm 粒级团聚体对全氮的贡献率均以免耕草地最高, 分别为 23.73%和 21.43%,显著高于其他恢复措施及放牧草地($P<0.05$)。

在 30~40cm 土层,<0.05mm 粒级团聚体对全氮的贡献率以浅翻耕草地最低,分别为 37.57%,显著低于封育、免耕及放牧草地($P<0.05$);0.05~0.25mm 粒级团聚体对全氮的贡献率则以浅翻耕草地最高,为 14.89%,显著高于封育和放牧草地($P<0.05$);0.25~2mm 和>2mm 粒级团聚体对全氮的贡献率以深翻耕草地最高,显著高于浅翻耕、免耕和放牧草地($P<0.05$)。

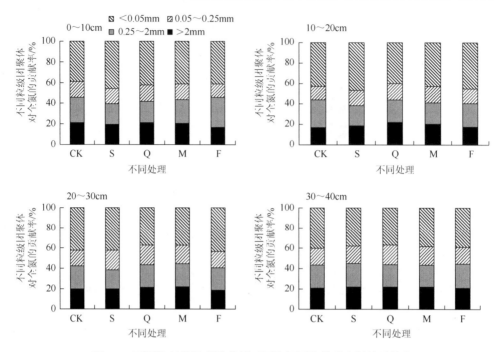

图8-8　不同恢复措施荒漠草原不同粒级团聚体对全氮的贡献率

8.2.3　不同恢复措施荒漠草原土壤碳氮组分特征

1. 不同恢复措施荒漠草原土壤活性有机碳分布特征

（1）不同恢复措施草地土壤颗粒有机碳的剖面分布特征

如图8-9所示，随土层的加深，土壤颗粒有机碳含量基本呈增加的趋势。在0～10cm土层，土壤颗粒有机碳含量的变化为封育草地＞放牧草地＞免耕草地＞浅翻耕草地＞深翻耕草地，封育草地颗粒有机碳含量为1.08g/kg，显著高于深翻耕和浅翻耕草地（$P<0.05$）；在10～20cm土层，颗粒有机碳含量仍以浅翻耕和深翻耕草地较低，显著低于放牧、封育和免耕草地（$P<0.05$）；在20～30cm和30～40cm土层，土壤颗粒有机碳含量均以放牧草地最高，分别为1.32g/kg和1.65g/kg，其中，在20～30cm土层，放牧草地土壤颗粒有机碳含量显著高于深翻耕和浅翻耕草地；在30～40cm土层，放牧草地土壤颗粒有机碳含量显著高于深翻耕、浅翻耕及免耕草地（$P<0.05$）。

（2）不同恢复措施草地土壤易氧化有机碳的剖面分布特征

如图8-10所示，在0～10cm土层，土壤易氧化有机碳含量以深翻耕和浅翻耕草地较高，分别为0.51g/kg和0.53g/kg，显著高于放牧草地（$P<0.05$）；在10～

20cm 土层，易氧化有机碳含量以免耕草地最高，为 0.76g/kg，显著高于放牧、深翻耕和封育草地（$P<0.05$）；在 20～30cm 土层，易氧化有机碳含量以浅翻耕和免耕草地较高，深翻耕和放牧草地次之，封育草地最低，浅翻耕和免耕草地显著高于放牧、深翻耕和封育草地，封育草地显著低于其他恢复措施及放牧草地（$P<0.05$）。在 30～40cm 土层，各恢复措施及放牧草地之间土壤易氧化有机碳含量差异不显著。总体来看，各处理草地20～40cm土层土壤易氧化有机碳含量较0～20cm浅层土壤高。

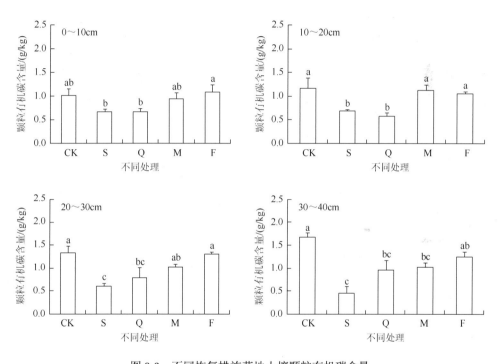

图 8-9　不同恢复措施草地土壤颗粒有机碳含量

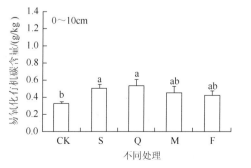
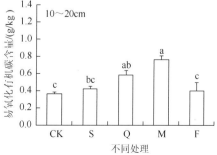

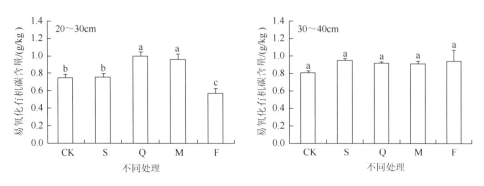

图 8-10　不同恢复措施草地土壤易氧化有机碳含量

（3）不同恢复措施草地土壤水溶性有机碳的剖面分布特征

不同恢复措施荒漠草原土壤水溶性有机碳含量变化特征如图 8-11 所示，在 0～10cm 土层，水溶性有机碳含量为 0.30～1.44g/kg，以免耕草地最高，显著高于放牧、深翻耕及浅翻耕草地，深翻耕草地显著低于免耕和封育草地（$P<0.05$）。在 10～20cm 土层，水溶性有机碳含量仍以免耕草地最高，为 1.34g/kg，显著高于封育草地的 0.54g/kg（$P<0.05$）。在 20～40cm 土层，不同恢复措施草地之间水溶性有机碳含量差异不显著（$P>0.05$）。从剖面分布看，各处理草地水溶性有机碳含量无明显变化规律。

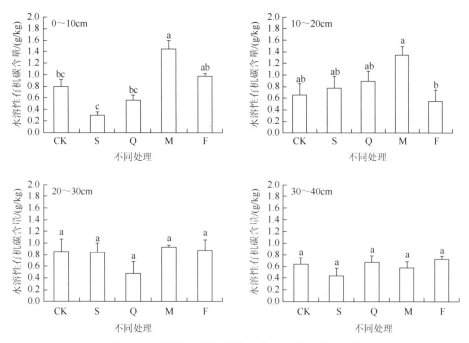

图 8-11　不同恢复措施草地土壤水溶性有机碳含量

（4）不同恢复措施草地土壤微生物生物量碳的剖面分布特征

图 8-12 显示了不同恢复措施草地土壤微生物生物量碳的变化。在 0～10cm 土层，土壤微生物生物量碳含量以封育草地最高，为 481.8mg/kg，显著高于其他恢复措施及放牧草地（$P<0.05$）。在 10～20cm 土层，土壤微生物生物量碳含量表现为封育草地＞浅翻耕草地＞放牧草地＞免耕草地＞深翻耕草地，封育草地为 448.8mg/kg，显著高于深翻耕草地（$P<0.05$）。在 20～30cm 土层，微生物生物量碳含量仍以封育草地最高，为 386.1mg/kg，显著高于浅翻耕和免耕草地（$P<0.05$）。在 30～40cm 土层，土壤微生物生物量碳含量对不同恢复措施无显著响应（$P>0.05$）。从垂直分布看，0～20cm 土层土壤微生物生物量碳含量总体较 20～40cm 土层高。

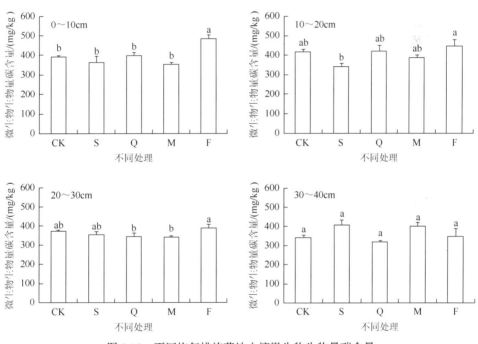

图 8-12　不同恢复措施草地土壤微生物生物量碳含量

（5）不同恢复措施荒漠草原土壤活性有机碳各组分占总有机碳的比例

不同恢复措施草地土壤活性有机碳各组分占总有机碳的比例见表 8-5。土壤颗粒有机碳占总有机碳的比例以封育草地最高，为 25.85%，显著高于其他恢复措施及放牧草地（$P<0.05$）；深翻耕和浅翻耕处理草地所占比例较低，分别为 12.15% 和 11.48%，显著低于免耕、封育和放牧草地（$P<0.05$）。土壤水溶性有机碳占总有机碳的比例仍以封育草地最高，为 16.86%，显著高于其他恢复措施及放牧草地（$P<0.05$），浅翻耕草地最低，为 6.07%，显著低于其他恢复措施及放牧草地（$P<0.05$）。土壤易氧化有机碳占总有机碳的比例为 8.96%～12.24%，封育草

地显著高于浅翻耕和放牧草地（$P<0.05$）。土壤微生物生物量碳占总有机碳的比例相对较小，为 0.74%～1.23%，以封育和浅翻耕草地较高，显著高于深翻耕和免耕草地（$P<0.05$），免耕草地最低，显著低于封育、浅翻耕和放牧草地（$P<0.05$）。

表 8-5　不同恢复措施荒漠草原土壤活性有机碳各组分占总有机碳的比例　　　（%）

处理	颗粒有机碳比例（POC/SOC）	水溶性有机碳比例（DOC/SOC）	易氧化有机碳比例（ROC/SOC）	微生物生物量碳比例（MBC/SOC）
CK	22.78 ± 0.57^{b}	10.33 ± 0.47^{c}	8.96 ± 1.15^{b}	1.04 ± 0.05^{ab}
S	12.15 ± 1.15^{d}	10.49 ± 0.95^{c}	10.32 ± 0.57^{ab}	0.91 ± 0.06^{bc}
Q	11.48 ± 0.76^{d}	6.07 ± 0.44^{d}	8.96 ± 0.56^{b}	1.21 ± 0.08^{a}
M	16.53 ± 0.54^{c}	13.57 ± 0.58^{b}	10.77 ± 0.14^{ab}	0.74 ± 0.04^{c}
F	25.85 ± 0.97^{a}	16.86 ± 1.15^{a}	12.24 ± 1.01^{a}	1.23 ± 0.11^{a}

2. 不同恢复措施草地土壤氮组分的特征

（1）不同恢复措施草地土壤微生物生物量氮的剖面分布特征

如图 8-13 所示，0～40cm 各土层土壤微生物生物量氮含量变化大致相同，均以浅翻耕草地最高，放牧草地最低，为 47.57～73.19mg/kg。其中在 0～10cm 土层，浅翻耕草地土壤微生物生物量氮含量显著高于其他恢复措施及放牧草地（$P<$

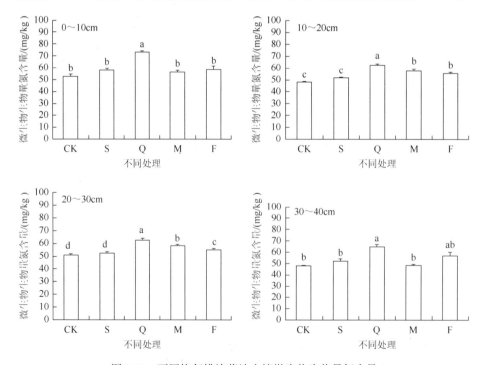

图 8-13　不同恢复措施草地土壤微生物生物量氮含量

0.05）。在 10～20cm 和 20～30cm 土层，土壤微生物生物量氮含量以浅翻耕草地最高，免耕和封育草地次之，深翻耕和放牧草地最低，其中，浅翻耕草地显著高于其他恢复措施及放牧草地，深翻耕和放牧草地显著低于浅翻耕、免耕和封育草地（P<0.05）。在 30～40cm 土层，浅翻耕草地土壤微生物生物量氮含量显著高于深翻耕、免耕及放牧草地（P<0.05）。

（2）不同恢复措施草地土壤硝态氮的剖面分布特征

不同恢复措施草地土壤硝态氮的变化见图 8-14，可以看出，在 0～40cm 土层，除 30～40cm 土层外，土壤硝态氮含量均以放牧草地最高，分别为 4.49mg/kg、5.31mg/kg 和 4.84mg/kg。其中，在 0～10cm 土层，放牧草地硝态氮含量显著高于封育草地（P<0.05）；在 10～20cm 土层，浅翻耕草地较高，显著高于深翻耕、免耕及封育草地（P<0.05）；在 20～40cm 土层，各恢复措施及放牧草地之间土壤硝态氮含量无显著差异（P>0.05）。各处理草地土壤硝态氮的垂直分布无明显规律。

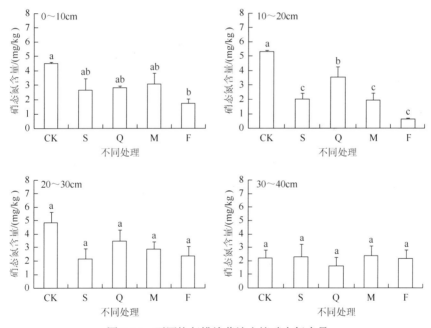

图 8-14　不同恢复措施草地土壤硝态氮含量

（3）不同恢复措施草地土壤铵态氮的剖面分布特征

由图 8-15 可知，土壤铵态氮含量随土层的加深总体呈降低的趋势，均以放牧草地最高，分别为 15.67mg/kg、13.03mg/kg、12.53mg/kg 和 11.83mg/kg。其中，在 0～10cm 和 10～20cm 土层，放牧草地铵态氮含量显著高于其他处理措施草地（P<0.05）；在 20～30cm 土层，放牧草地硝态氮含量显著高于深翻耕和封育草地（P<0.05），封育草地硝态氮含量最低，显著低于浅翻耕和放牧草地（P<0.05）；

在 30～40cm 土层，硝态氮含量仍以封育草地最低，为 7.99mg/kg，显著低于放牧草地（$P<0.05$），其他恢复措施草地之间差异不显著（$P>0.05$）。

（4）不同恢复措施草地土壤碱解氮的剖面分布特征

由图 8-16 可知，在 0～10cm、20～30cm 和 30～40cm 土层，土壤碱解氮含量均以深翻耕草地最高，分别为 7.57mg/kg、8.15mg/kg 和 9.3mg/kg。其中，在 0～10cm 土层，深翻耕与浅翻耕草地土壤碱解氮含量显著高于放牧和封育草地（$P<0.05$）；在 10～20cm 土层，土壤碱解氮含量以浅翻耕草地最高，为 9.89mg/kg，显著高于放牧、深翻耕、免耕及封育草地（$P<0.05$）；在 20～30cm 土层，深翻耕草地土壤碱解氮含量显著高于封育草地（$P<0.05$）；在 30～40cm 土层，深翻耕草地土壤碱解氮含量显著高于放牧草地（$P<0.05$），其他恢复措施草地之间差异不显著（$P>0.05$）。

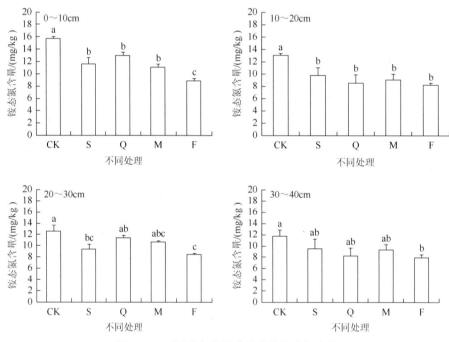

图 8-15　不同恢复措施草地土壤铵态氮含量

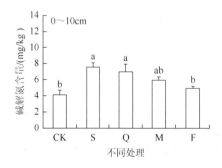
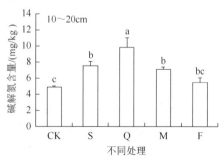

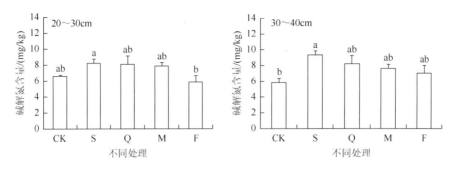

图 8-16　不同恢复措施草地土壤碱解氮含量

（5）不同恢复措施荒漠草原土壤各氮素组分占全氮的比例

不同恢复措施草地土壤各氮素组分占全氮的比例见表 8-6。土壤硝态氮和铵态氮占全氮的比例以放牧草地最高，分别为 3.13%和 9.85%，显著高于其他恢复措施草地（$P<0.05$）。土壤碱解氮占全氮的比例为 2.62%~5.30%，以免耕草地最高，显著高于放牧草地（$P<0.05$）。土壤微生物生物量氮占全氮的比例相对较大，为 28.20%~41.85%，封育和免耕草地显著高于深翻耕、浅翻耕和放牧草地，深翻耕草地显著低于其他恢复措施及放牧草地（$P<0.05$）。

表 8-6　不同恢复措施荒漠草原土壤各氮素组分占全氮的比例

处理	硝态氮比例（NO_3^--N/TN）	铵态氮比例（NH_4^+-N/TN）	碱解氮比例（AN/TN）	微生物生物量氮比例（MBN/TN）
CK	3.13 ± 0.57^a	9.85 ± 0.51^a	2.62 ± 0.28^b	36.94 ± 1.15^b
S	1.19 ± 0.05^b	5.38 ± 0.32^c	4.28 ± 0.11^{ab}	28.20 ± 0.58^c
Q	1.48 ± 0.23^b	5.33 ± 0.18^c	4.29 ± 0.05^{ab}	35.17 ± 0.67^b
M	1.64 ± 0.21^b	7.44 ± 0.23^b	5.30 ± 0.16^a	41.17 ± 2.12^a
F	1.25 ± 0.15^b	6.26 ± 0.15^c	4.30 ± 0.08^{ab}	41.85 ± 1.38^a

8.2.4　不同恢复措施荒漠草原土壤颗粒组成与碳氮组分的相关系数

不同恢复措施草地土壤颗粒组成与碳氮组分的相关系数如图 8-17 所示。土壤黏粉粒、砂粒含量与土壤全氮、有机碳、颗粒有机碳、易氧化有机碳、微生物生物量碳及碱解氮含量均呈现极显著相关关系（$P<0.01$），与微生物生物量氮呈显著相关关系（$P<0.05$）。全氮含量与有机碳、易氧化有机碳、微生物生物量氮及碱解氮含量呈极显著正相关关系（$P<0.01$），与颗粒有机碳、水溶性有机碳及微生物生物量碳含量呈极显著负相关关系（$P<0.01$）。土壤有机碳含量与颗粒有机

碳、微生物生物量碳含量呈极显著负相关关系（$P < 0.01$），与易氧化有机碳、微生物生物量氮及碱解氮含量呈极显著正相关关系（$P < 0.01$）。颗粒有机碳含量与水溶性有机碳含量呈显著正相关关系（$P < 0.05$），与微生物生物量碳含量呈极显著正相关关系（$P < 0.01$），与易氧化有机碳含量、微生物生物量氮含量及碱解氮含量呈极显著负相关关系（$P < 0.01$）。易氧化有机碳含量与微生物生物量碳含量呈极显著负相关关系（$P < 0.01$），与微生物生物量氮含量及碱解氮含量呈现极显著正相关关系（$P < 0.01$）。微生物生物量碳含量、微生物生物量氮含量与碱解氮含量分别呈现极显著负相关与极显著正相关关系（$P < 0.01$）。硝态氮含量与铵态氮含量呈极显著正相关关系（$P < 0.01$）。

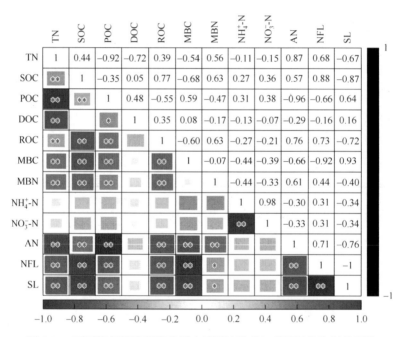

图 8-17　不同恢复措施荒漠草原土壤颗粒组成与碳氮组分的相关系数

NFL. 黏粉粒；SL. 砂粒

*表示相关性显著，$P < 0.05$，**表示相关性极显著，$P < 0.01$

扫码见彩图

8.3　讨　　论

8.3.1　不同恢复措施对荒漠草原土壤团聚体的影响

土壤团聚体作为土壤结构的基本单位，是微生物活动、土壤物质和能量循环的主要场所，土壤团聚体与土壤的物理、化学和生物学性质直接相关，其粒径分布不仅影响植物的生长发育，而且对土壤抗蚀性等有重要影响（周虎等，2009；Madari et al.，2005；文倩等，2004）。土壤团聚体是评价土壤肥力的重要指标，其结构和组成也成为土壤稳定性的重要指标，主要反映在力稳性和水稳性两个方面（段正锋，2009）。土壤干筛团聚体含量反映土壤的力稳性，荒漠草原 0～20cm 土层，浅翻耕处理草地的 $DR_{0.25}$ 显著高于放牧、免耕和封育草地，30～40cm 土层，浅翻耕草地显著高于封育草地，表明翻耕措施可以改善荒漠草原浅层土壤结构，增强土壤的机械稳定性。对川西北高寒沙地红柳不同恢复年限土壤团聚体的研究显示，随着恢复年限的增加，0～20cm 土层＞2mm、0.5～2mm 粒级团聚体含量显著增加（汪仁涛等，2018）。除浅翻耕草地外，各处理草地 $DR_{0.25}$ 随着土层的加深而增加，土壤结构趋于稳定，这可能是由于荒漠草原土壤结构疏松，加之植被盖度较低，表层土壤由于受风侵作用，结构遭到破坏，大团聚体含量较低，土壤稳定性减弱。王国会等（2017）对不同封育年限宁夏荒漠草原土壤团聚体的研究表明，土壤中＞0.25mm 粒径团聚体含量随土层深度的加深而增加。对豫北地区长期不同耕作措施对土壤团聚体特征及微生物多样性的影响研究显示，免耕、深松覆盖和两茬耕作等措施显著提高了＞2mm、1～2mm 和 0.25～1mm 粒级团聚体的含量，从而提高了团聚体的稳定性（李景等，2014）。

湿筛法是研究土壤团聚体稳定性的主要方法，湿筛过程是一个能量输入过程，其结果能反映大团聚体抗水蚀、防破碎等能力。土壤团聚体的水稳定性与土壤可蚀性密切相关（Castro et al.，2005），对保持土壤结构的稳定性具有重要意义，稳定的土壤团聚体有利于保护受团聚体物理保护的有机碳库免受矿化分解（Lal and Kimble，1997），因此水稳定性团聚体更为重要。同一土层各处理草地土壤水稳性团聚体均以＜0.25mm 为优势粒径，质量分数达 62.08%以上，其中 20～30cm 土层，深翻耕处理草地显著高于其他恢复措施及放牧草地，可能是荒漠草原土质疏松，加之翻耕处理对草地土壤的扰动所致。土地开垦破坏土壤结构，土壤水稳性团聚体减少，而植被恢复可改善土壤结构，土壤水稳性团聚体含量增加（朱冰冰等，2008）。除放牧和浅翻耕草地外，随土层深度的增加，各恢复措施及放牧草地＞0.25mm 粒径土壤团聚体含量增加。对黄土丘陵沟壑区退耕植被恢复地土壤水稳性团聚体的研究显示，＞0.25mm 土壤水稳性团聚体随恢复年限的延长而增加（马祥华等，2005）。也有研究表明，随着恢复时间的延长，土壤团聚体水稳定性程度越好，土壤团聚体机械稳定性越强（刘晓利等，2009；谢锦升等，2006）。

土壤团聚体 MWD 和 GMD 反映土壤团聚体大小的分布状况，MWD 是通过各粒级数据的加权求和计算的，其值越大说明土壤结构越好。GMD 是在团聚体分布服从对数正态分布的假设上提出来的，其值越大表示团聚体的平均粒径团聚度越高，稳定性越强（周虎等，2007；Gardner，1956）。团聚体破坏率（PAD）表示土壤团聚体在水蚀作用下的分散程度，PAD 值越小，土壤团聚体的稳定性越高

（宫阿都和何毓蓉，2001）。本研究表明，0～10cm 土层 MWD、GMD 值较小，说明表层土壤团聚体结构较差。0～30cm 土层，深翻耕草地 PAD 最高，可见深翻耕对土壤扰动较大，导致土壤的稳定性降低。杨如萍等（2010）在不同耕作和种植模式对土壤团聚体分布及稳定性的影响研究中发现，免耕覆盖可在一定范围内有效地增加土壤紧实度，并能提高土壤 MWD 值，降低团聚体的破坏率。也有研究表明，免耕和深松处理措施的土壤 MWD 值较高，并且有利于土壤大团聚体的形成（陈宁宁，2015）。

8.3.2　不同恢复措施对荒漠草原土壤碳氮的影响

土壤有机碳是草地土壤质量的重要表征，在揭示植被、土壤及其他环境因子的关系中具有重要作用，其含量高低直接影响土壤的生物化学过程，进而改变草地土壤的肥力（郑伟和朱进忠，2012）。植被组成、土地利用方式及管理措施等影响土壤有机碳（Berger et al.，2002）。0～30cm 土层中，土壤有机碳含量均以浅翻耕处理草地最高，其次是免耕草地，封育草地较低，这是由于补播改善了植物群落结构，植物枯落物的积累与分解改变了浅层土壤养分的循环及周转，浅翻耕和免耕处理草地有机碳含量较高（$P<0.05$）。30～40cm 土层中，各恢复措施草地及放牧草地之间土壤有机碳含量差异不显著（$P>0.05$）。这表明在本研究所做的处理中，浅翻耕有利于草地土壤有机碳的积累。张伟华等（2000）对不同改良措施退化羊草草地的研究表明，0～30cm 土层土壤有机碳含量在恢复 8 年后表现为浅翻耕改良＞耙地改良＞围栏封育＞围栏外自由放牧；24 年后则表现为围栏封育＞耙地改良＞浅翻耕改良＞围栏外自由放牧。因此，随着恢复年限的增加，封育可能更利于草地土壤有机碳的积累。

土壤氮素是植物生长所需的主要营养元素之一，对草地生态系统生产量、结构与功能的调节具有重要作用（杨成德等，2008；杜明新等，2011）。0～20cm 土层，全氮含量均以浅翻耕处理草地较高，放牧草地最低。20～40cm 土层，全氮含量以深翻耕处理草地最高，浅翻耕处理草地次之，免耕草地较低。这可能是由于深翻耕对土壤扰动较强，土壤水分流失，有机碳分解加速，淋溶作用增强，使得氮素等养分向下迁移（乔有明等，2009）。孙庚等（2005）对川西北草地土壤碳氮特征的影响研究表明，不同管理措施对川西北草地氮元素的积累和转化速率影响显著，围栏草地和翻耕草地全氮含量分别比放牧草地高 46%和 51%，氮转化速率和呼吸速率大大加快，尤其是翻耕草地。本研究中深翻耕草地和浅翻耕草地全氮含量较放牧草地分别增加了 41%和 43%。李凌浩（1998）在土地利用变化对草原生态系统土壤碳贮量的影响研究中发现，围栏封育、浅耕等不同恢复措施和放牧、砍伐等利用方式对土壤氮元素分布、转化及其含量有重要影响。总体来看，本研究不同恢复措施草地浅层土壤有机碳和全氮含量较低,与以往的研究结果一致(安慧和徐坤,2013)。这可能是由于研究区地处较为干旱的风沙区,风蚀作用强烈,植被盖度总体较低,枯落物积累较少,浅层土壤有机碳和全氮含量相对较低。

　　土壤碳库是植物健康生长的主要营养源,其储量巨大,约是大气碳库的 2 倍。土壤氮储量是衡量土壤氮元素供应状况的重要指标(蔡晓布等,2008)。0～40cm土层土壤有机碳储量为浅翻耕草地>免耕草地>深翻耕草地>放牧草地>封育草地,0～40cm 土层土壤全氮储量表现为浅翻耕草地>深翻耕草地>免耕草地>封育草地>放牧草地。有机碳和全氮储量均以浅翻耕处理草地最高,可能是浅翻耕改变了土壤上层的结构,土壤孔隙度增大,加之补播过程既疏松了土壤,又增加了植被盖度与枯落物的积累,从而导致浅翻耕处理草地土壤有机碳、全氮含量较高。周瑶等(2017)对不同恢复措施宁夏典型草原土壤碳、氮储量的研究表明,封育禁牧有利于该区土壤碳、氮的累积。

8.3.3　不同恢复措施对荒漠草原土壤活性有机碳氮组分的影响

　　土壤活性有机碳是土壤中易被土壤微生物分解矿化、对植物养分供应具有直接作用的那部分有机碳(宇万太等,2007)。活性有机碳并非一种单纯的化合物,其含量高低可在不同程度上反映土壤有机碳的有效性,通常可用颗粒有机碳、可溶性有机碳、易氧化有机碳和微生物生物量碳等来表征(顾峰雪等,2002)。

　　不同恢复措施草地在0～40cm 土层颗粒有机碳含量以封育、免耕及放牧草地较高,深翻耕和浅翻耕草地较低,可见翻耕措施会破坏土壤结构,与其他恢复措施及放牧草地相比会降低土壤颗粒有机碳含量,深翻耕草地均以 0～20cm 浅层土壤较高,这是由于浅层土壤聚集了较多的根系和枯落物,导致以植物残体和根系分泌物的分解为重要来源的非保护性有机碳含量的增加(Cambardella and Elliott,1992;Conant et al.,2003)。可溶性有机碳含量在 0～10cm、10～20cm 土层均以免耕草地最高,深翻耕和封育草地较低。这是因为免耕在不破坏土壤结构的情况下补播植物,由于植被盖度和生物量的增加,枯落物积累、周转,土壤可溶性有机碳的含量增加。0～10cm 土层易氧化有机碳总体以深翻耕和浅翻耕草地较高,可能是翻耕破坏了土壤结构,使其稳定性降低,加之疏松的结构使表层土壤氧气更为充足,导致土壤有机碳更容易氧化。不同恢复措施荒漠草原土壤微生物生物量碳含量在 0～30cm 土层均以封育草地最高,而其他恢复措施及放牧草地变化不尽相同,表明封育有利于土壤 MBC 含量的增加,可能是由于封育没有对土壤进行扰动,在去除放牧干扰的情况下,植被得以恢复,由于枯落物及根系渗出物的作用,提高了土壤微生物的活性(刘凤婵等,2012)。

　　土壤颗粒有机碳、易氧化有机碳、水溶性有机碳占总有机碳的比例均以封育草地最高，浅翻草地较低，微生物生物量碳占总有机碳的比例却以浅翻草地最高。其他恢复措施及放牧草地的各活性有机碳占总有机碳的比例变化不尽相同，这可能是由于活性有机碳是土壤有机碳中比较活跃的组分，不同组分在草地生态系统物质循环中有其特有的利用和转化方式，因而其间周转速率不同，加之其对环境条件变化及人为扰动的高度敏感性，导致不同活性组分随不同恢复措施的变化不规律。

土壤氮素是限制干旱区植物生长最主要的营养元素（张珂等，2014）。硝态氮、铵态氮及微生物生物量氮等是植物直接吸收利用的重要地下氮素宝库，对于植物的生长发育起着关键作用（聂玲玲等，2012；张俊清等，2004）。土壤有机态氮是土壤氮素的主要存在形态，占土壤氮素的90%以上，是矿质态氮的源和库（查春梅等，2007；党亚爱等，2011），因此，掌握土壤氮素的变化特征有助于明晰不同恢复措施对土壤肥力的影响机制。0～40cm各土层微生物生物量氮均以浅翻耕草地最高，放牧草地最低，为47.57～73.19mg/kg，各土层微生物生物量氮含量较放牧草地分别增加了20.87%、14.64%、12.03%和16.92%，与其他氮组分相比增幅最大。微生物生物量氮是最敏感性的土壤质量指标之一，对土壤环境变化非常敏感（樊军和郝明德，2003；张蕴薇等，2003），因此在不同恢复措施实施的过程中变化最为明显。其他恢复措施草地与放牧草地相比微生物生物量氮的含量均有所增加，说明各恢复措施在不同程度上均有利于荒漠草原土壤微生物生物量氮的积累。土壤硝态氮与铵态氮含量均以放牧草地最高，翻耕与免耕草地次之，封育草地较低。总体来看，硝态氮含量显著低于铵态氮含量，可能是硝态氮在土壤中不被土壤吸附保存，容易被雨水淋失。翻耕处理草地碱解氮含量较高，封育和放牧草地较低，可能是由于翻耕改变了土壤结构，增加了土壤呼吸速率。同时，翻耕后补播提高了草地植被盖度，枯落物及根系分泌物增加，土壤生物作用增强，土壤有机质增加，从而有利于碱解氮的积累。从垂直分布来看，不同恢复措施草地0～10cm土层土壤碱解氮含量相对20～40cm各土层较低，这可能是表层土壤受风蚀作用影响，土壤有机碳含量减少，从而导致表层土碱解氮含量较少（蒋双龙，2015）。

8.4　小　　结

各处理草地0～40cm土层机械稳定性及水稳性团聚体均以<0.25mm微团聚体为优势粒径，水稳性大团聚体含量（$WR_{0.25}$）较机械稳定性大团聚体含量（$DR_{0.25}$）显著降低，团聚体破坏率较高；浅翻耕草地0～20cm浅层土壤的$DR_{0.25}$显著高于放牧、封育和免耕草地，30～40cm土层，浅翻耕草地显著高于封育草地；10～30cm土层，$WR_{0.25}$含量均以浅翻耕草地最高，显著高于其他恢复措施和放牧草地。

不同恢复措施草地0～40cm土层土壤干筛和湿筛MWD、GMD总体以浅翻耕草地较高；随土层加深，不同恢复措施草地＞0.25mm 机械稳定性及水稳性团聚体及 MWD、GMD 增加，团聚体破坏率降低，土壤结构趋于稳定。

0～30cm 各土层，土壤有机碳含量均以浅翻耕处理草地较高，封育草地较低。全氮含量在 0～20cm 土层以浅翻耕处理草地最高；20～40cm 土层则以深翻耕处理草地最高，显著高于封育草地。各处理草地土壤有机碳及氮含量均表现为 20～40cm 土层高于 0～20cm 土层。

0～40cm 土层土壤碳氮储量以浅翻耕处理草地最高，显著高于封育草地；各处理草地 20～40cm 土层对土壤碳氮储量的贡献率较 0～20cm 浅层土壤高。

10～40cm 土层，各粒级团聚体有机碳含量均以浅翻耕草地最高，深翻耕、免耕草地次之，封育和放牧草地较低。0～10cm 土层，各粒级团聚体全氮含量以浅翻耕草地最高，30～40cm 土层，各粒级团聚体全氮含量以深翻耕草地较高。不同处理草地 0～40cm 各土层均以＜0.05mm 粒级团聚体对土壤总有机碳、全氮的贡献率最高。

0～40cm 土层土壤颗粒有机碳含量均以翻耕草地较低，免耕、封育和放牧草地较高；10～20cm 土层易氧化有机碳含量以免耕草地最高；水溶性有机碳含量在 0～20cm 土层以免耕草地最高。微生物生物量碳含量在 0～30cm 土层均以封育草地最高，30～40cm 土层以深翻耕草地较高。

0～40cm 土层，土壤微生物生物量氮以浅翻耕草地最高，放牧草地最低；硝态氮和铵态氮含量均以放牧草地最高，封育草地最低或次低；碱解氮含量无明显变化规律。

在本研究所做处理中，退化草地恢复初期，浅翻耕处理可促进荒漠草原土壤团聚体的形成，增强团聚体稳定性。浅翻耕处理草地较免耕、深翻耕和封育措施更有利于土壤碳氮的积累。

参 考 文 献

阿穆拉，赵萌莉，韩国栋，等.2011. 放牧强度对荒漠草原地区土壤有机碳及全氮含量的影响. 国草地学报，33（3）：115～118

安耕，王天河.2011. 围栏封育改良荒漠化草地的效果. 草业科学，28（5）：874～876

安慧，徐坤.2013. 放牧干扰对荒漠草原土壤性状的影响. 草业学报，22（4）：35～42

白永飞，陈世苹.2018. 中国草地生态系统固碳现状、速率和潜力研究. 植物生态学报，42（3）：261～264

蔡晓布，张永青，邵伟.2008. 不同退化程度高寒草原土壤肥力变化特征. 生态学报，28（3）：1034～1043

陈晶.2015. 干旱风沙区不同植被恢复模式生态效应研究. 银川：宁夏大学硕士学位论文

陈宁宁. 2015. 不同轮耕方式对渭北旱塬麦玉轮作田土壤物理性状与产量的影响. 中国生态农业学报，23（9）：1102～1111

党亚爱，王国栋，李世清.2011. 黄土高原典型土壤有机氮组分剖面分布的变化特征. 中国农业科学，44（24）：5021～5030

杜明新, 张丽静, 梁坤伦, 等. 2011. 高寒沙化草地不同灌木根际与非根际土壤氮素、有机碳含量特征. 中国草地学报, 33（4）：18～23

段正锋. 2009. 岩溶区土地利用方式对土壤有机碳及团聚体的影响研究. 重庆：西南大学硕士学位论文

樊军, 郝明德. 2003. 长期轮作施肥对土壤微生物碳氮的影响. 水土保持研究, 10（1）：85～87

宫阿都, 何毓蓉. 2001. 金沙江干热河谷区退化土壤结构的分形特征研究. 水土保持学报, 15（3）：112～115

顾峰雪, 潘晓玲, 潘伯荣, 等. 2002. 塔克拉玛干沙漠腹地人工植被土壤肥力变化. 生态学报, 22（8）：1179～1188

江仁涛, 李富程, 沈淞涛. 2013. 不同年限红柳恢复川西北高寒沙地对土壤团聚体和有机碳的影响. 水土保持学报, 32（1）：197～203

蒋双龙. 2015. 川西北高寒沙化草地土壤有机碳和氮素特征. 成都：四川农业大学硕士学位论文

金峰, 杨浩, 赵其国. 2000. 土壤有机碳储量及影响因素研究进展. 土壤, 32（1）：11～17

李景, 吴会军, 武雪萍, 等. 2014. 长期不同耕作措施对土壤团聚体特征及微生物多样性的影响. 应用生态学报, 25（8）：2341～2348

李凌浩. 1998. 土地利用变化对草原生态系统土壤碳贮量的影响. 植物生态学报, 22（4）：300～302

李忠佩, 焦坤, 吴大付. 2005. 不同提取条件下红壤水稻土溶解有机碳的含量变化. 土壤, 37（5）：512～516

刘凤婵, 李红丽, 董智, 等. 2012. 封育对退化草原植被恢复及土壤理化性质影响的研究进展. 中国水土保持科学, 10（5）：116～122

刘晓利, 何园球, 李成亮, 等. 2009. 不同利用方式旱地红壤水稳性团聚体及其碳、氮、磷分布特征. 土壤学报, 46（2）：255～262

马祥华, 焦菊英, 白文娟. 2005. 黄土丘陵沟壑区退耕植被恢复地土壤水稳性团聚体的变化特征. 干旱地区农业研究, 23（3）：69～74

毛思慧, 谢应忠, 许冬梅. 2014. 宁夏盐池县草地沙化对植被与土壤特征的影响. 水土保持通报, 34（1）：34～39

聂玲玲, 冯娟娟, 吕素莲, 等. 2012. 真盐生植物盐角草对不同氮形态的响应. 生态学报, 32（18）：5703～5712

乔有明, 王振群, 段中华. 2009. 青海湖北岸土地利用方式对土壤碳氮含量的影响. 草业学报, 18（6）：105～112

苏艳华. 2008. 三江平原湿地垦殖对土壤有机碳库影响的模拟研究. 北京：中国科学院大气物理研究所博士学位论文

孙庚, 吴宁, 罗鹏. 2005. 不同管理措施对川西北草地土壤氮和碳特征的影响. 植物生态学报, 29（2）：304～310

孙权. 2004. 农业资源与环境质量分析方法. 银川：宁夏人民出版社

陶利波, 于双, 王国会, 等. 2018. 封育对宁夏东部风沙区荒漠草原植物群落特征及其稳定性的影响. 中国草地学报, 40（2）：67～74

汪仁涛, 李富程, 沈松涛, 等. 2018. 不同年限红柳恢复川西北高寒沙地对土壤团聚体和有机碳的影响. 水土保持学报, 32（1）：197～203

王国会, 王建军, 陶利波, 等. 2017. 围封对宁夏荒漠草原土壤团聚体组成及其稳定性的影响. 草地学报, 25（1）：76～81

文倩, 赵小蓉, 陈焕伟, 等. 2004. 半干旱地区不同土壤团聚体中微生物量碳的分布特征. 中国农业科学, （10）：1504～1509

谢芳, 韩晓日, 杨劲峰, 等. 2008. 长期施肥对棕壤微生物量碳和水溶性有机碳的影响. 农业科技与装备, （3）：10～13

谢锦升, 杨玉盛, 陈光水, 等. 2006. 植被恢复对退化红壤团聚体稳定性及碳分布的影响. 生态学报, 28（2）：702～707

徐志红, 曹志洪, 沈宏. 2000. 施肥对土壤不同碳形态及碳库管理指数的影响. 土壤学报, 37（2）：166～173

许冬梅, 许新忠, 王国会, 等. 2017. 宁夏荒漠草原自然恢复演替过程中土壤有机碳及其分布的变化. 草业学报, 26（8）：35～42

杨成德, 龙瑞军, 陈秀蓉, 等. 2008. 东祁连山不同高寒草地类型土壤表层碳、氮、磷密度特征. 中国草地学报, 30（1）：1～5

杨成德，龙瑞军，陈秀蓉，等.2014. 祁连山不同高寒草地类型土壤表层碳、氮、磷密度特征. 中国草地学报，34（22）：6538～6547

杨帆，潘成忠，鞠洪秀.2016. 晋西黄土丘陵区不同土地利用类型对土壤碳氮储量的影响. 水土保持研究，23（4）：318～324

杨如萍，郭贤仕，吕军峰，等.2010. 不同耕作和种植模式对土壤团聚体分布及稳定性的影响. 水土保持学报，24（1）：252～256

杨阳，刘秉儒.2015. 宁夏荒漠草原不同群落生物多样性与生物量关系及影响因子分析. 草业学报，24（10）：48～57

宇万太，马强，赵鑫，等.2007. 不同土地利用类型下土壤活性有机碳库的变化. 生态学杂志，26（12）：2013～2016

查春梅，颜丽，郝长红，等.2007. 不同土地利用方式对棕壤有机氮组分及其剖面分布的影响. 植物营养与肥料学报，13（1）：22～26

张俊清，朱平，张夫道.2004. 有机肥和化肥配施对黑土有机氮形态组成及分布的影响. 植物营养与肥料学报，10（3）：245～249

张珂，何明珠，李新荣，等.2014. 阿拉善荒漠典型植物叶片碳、氮、磷化学计量特征研究. 生态学报，34（22）：6538～6547

张伟华，关世英，李跃进，等.2000. 不同恢复措施对退化草地土壤水分和养分的影响. 内蒙古农业大学学报，21（4）：31～35

张蕴薇，韩建国，韩永伟，等.2003. 不同放牧强度下人工草地土壤微生物量碳、氮的含量. 草地学报，11（4）：343～345

章祖同.2004. 草地资源研究. 呼和浩特：内蒙古大学出版社

赵洁，王莉.2011. 分光光度法快速测定硝、铵态氮的可行性研究. 现代农业科技，（6）：42

郑伟，朱进忠.2012. 新疆草地荒漠化过程及驱动因素分析. 草业科学，29（9）：1340～1351

周恒，田福平，路远，等.2015. 草地土壤有机碳储量影响因素研究进展. 中国农学通报，31（23）：153～157

周虎，吕贻忠，李保国.2009. 土壤结构定量化研究进展. 土壤学报，46（3）：501～506

周虎，吕贻忠，杨志臣，等.2007. 保护性耕作对华北平原土壤团聚体特征的影响. 中国农业科学，40（9）：1973～1979

周瑶，马红彬，贾希洋，等.2017. 不同恢复措施对宁夏典型草原土壤碳氮储量的影响. 草业学报，26（12）：236～242

朱冰冰，李鹏，李占斌，等.2008. 子午岭林区土地退化/恢复过程中土壤水稳性团聚体的动态变化. 西北农林科技大学学报（自然科学版），36（3）：124～128

Al-Kaisi M M，Yin X，Licht M A. 2005. Soil carbon and nitrogen changes as affected by tillage system and crop biomass in a corn-soybean rotation. Applied Soil Ecology，30（3）：174～191

Berger T W，Neubauer C，Glatzel G. 2002. Factors controlling soil carbon and nitrogen stores in pure stands of Norway spruce（*Picea abies*）and mixed species stands in Austria. Forest Ecology and Management，159（1/2）：10～14

Cambardella C A，Elliott E T. 1992. Particulate soil organic-matter changes across a grassland cultivation sequence. Soil Science Society of America Journal，56（3）：777～783

Castro O M D，Mbagwu J S C，Vieira S R，et al. 2005. Effect of no-tillage crop rotation systems on nutrient status of a rhodic ferralsol in southern Brazil. Agro-Science，4（2）：174～192

Conant R T，Paustian K. 2002. Potential soil carbon sequestration in overgrazed grassland ecosystems. Global Biogeochemical Cycles，16（4）：90-1～90-9

Conant R T，Six J，Paustian K. 2003. Land use effects on soil carbon fractions in the southeastern United States. I. Management-intensive versus extensive grazing. Biology and Fertility of Soils，38：386～392

Gardner W R. 1956. Representation of soil aggregate-size distribution by a logarithmic-normal distribution. Soil Science Society of America Journal，20（2）：151～153

Garten C T，Post W M，Hanson P J，et al. 1999. Forest soil carbon inventories and dynamics along an elevation gradient in the southern Appalachian Mountains. Biogeochemistry，45（2）：115～145

Kelly R H，Lauenroth B W K. 1996. Soil organic matter and nutrient availability responses to reduced plant inputs in shortgrass steppe. Ecology，77（8）：2516～2527

Lal R，Kimble J M. 1997. Conservation tillage for carbon sequestration. Nutrient Cycling in Agroecosystems，49（1/3）：243～253

Luo Y，Field C B，Jackson R B. 2006. Does nitrogen constrain carbon cycling，or does carbon input stimulate nitrogen cycling. Ecology，87（1）：3～4

Madari B，Machado P，Torres E，et al. 2005. No tillage and crop rotation effects on soil aggregation and organic carbon in a rhodic ferralsol from southern Brazil. Soil & Tillage Research，80（1/2）：185～200

Meng F Q，Kuang X，Zhang X，et al. 2009. The impact of land use change and cultivation measures on light fraction organic carbon，sand and particle organic carbon. Journal of Agro-Environment Science，28（12）：82～89

Schuma G E，Janzen H H，Herrick J E. 2002. Soil carbon dynamics and potential carbon sequestration by rangelands. Environmental Pollution，116（3）：391～396

Zhao H L，Zhou R L，Zhang T H，et al. 2006. Effects of desertification on soil and crop growth properties in Horqin sandy cropland of inner Mongolia，north China. Soil & Tillage Research，87（2）：175～185